100% Up 자존감이 쌓인다

내 아이 자존감 수업

100% Up 자존감이 쌓인다

내 아이 자존감 수업

김정미 지음

세종
MEDIA

과거의 '나'를 다독거리는 시간

직장 생활(호텔리어)을 하다가 결혼한 나는 큰아이 임신 5개월이 되던 날 일을 그만두었다. 입사 5년째에 들어 진급이 보장되었으나 태교와 육아를 잘하고 싶어서였다.

하지만 현실은 녹록지 않았다. 교육열 높은 엄마들 사이에서 나도 아이를 제대로 잘 키우겠다는 욕구는 자꾸만 커졌고, 그에 대한 교육비 마련을 위해 또다시 일을 찾기로 했다. 남편 월급으로는 자녀 교육에 대한 욕구를 충족시킬 수가 없었기 때문이다.

'내 아이를 챙기면서 돈도 벌 수 있는 직업이 없을까?' 생각하다가 재택근무를 알아보게 되었다. 그런 생각 끝에 프랜차이즈 학습지 회사(금성 푸르넷)에 가입해 일하게 되었다. 별도의 가맹비가 필요하지 않았기에 부담 없는 마음으로 시작할 수 있었다.

프랜차이즈 지사에도 주 3일 출근해 일하는 형태였다.

처음에는 초등 전 학년을 대상으로 종합과목(국어, 영어, 수학, 사회, 과학)을 주 5회 50분 단위 수업으로 진행했다. 종합과목 외에 단과(영어, 수학, 한자, 논술) 학습을 추가로 원하는 회원들에게는 시간을 늘려서 지도하는 시스템이었다.

회원 수에 따라서 교사 증원이 동반되면 수당도 받을 수 있었기에 일에 대한 의욕은 저절로 올라갔다. 중등부 수업까지 확장하면서 회원 수(60~70명)가 많아져 보조 교사 세 명을 두기도 했다.

회사 출근과 관련해서는 직급이 높아질수록 업무를 더 많이 해야 했고, 공적인 일과 사적인 일이 충돌할 때면 수시로 좌불안석이 되었다. 그렇게 땀과 노력이 어우러져 입사 10년이 됐을 때는 '지점장'이라는 타이틀까지 갖게 되었다.

하지만 그 자리에 오래 머물 수 없었다. 공적인 업무가 많아지니 내 아이를 보살피는 데 소홀함이 생겼고, 그럴 때마다 심한 자책감이 들었다. 일과 관련해 얻는 교육 정보를 내 아이들에게 접목할 수 있고, 아이의 나이에 맞는 도서를 할인된 가격에 구매할 수 있다는 장점이 있었지만 그보다는 내 아이가 소중했다.

업무 성과에 대한 부담감에 스트레스는 최고조에 이르렀고,

슈퍼우먼이 되지 못하고 있다는 생각에 자존감 또한 크게 떨어졌다. 그런 마음 충돌은 내 아이에게 그대로 전달될 수밖에 없었다. '행복한 엄마가 행복한 아이를 만든다.', '자존감이 있는 엄마가 자존감 있는 아이를 만든다.' 같은 말이 나를 괴롭혔다.

결국 입사 10년, 지점장 7개월 만에 사직서를 냈다. 그리고 일반 학원에 논술 교사로 들어갔다. 하지만 그곳에서의 생활도 만족스럽진 않았다. 하나부터 열까지 원장의 허락을 받아야 했고, 내가 원하는 가치관대로 교육하는 데는 한계가 있었다. 1년이 채 되지 않아 논술 학원마저 그만두게 되었다.

이후는 집에서 개인 학습방(방과 후 아동교실)을 열었다. 좀 더 건강하게 나를 돌보며 자식 교육에 전념하고 또한 약간의 수입을 얻으면서 이웃 아이들을 지도해 보고 싶었기 때문이다. 아이를 잘 키우고 싶어서 투자했던 교육 심리와 관련한 자격증도 여러 개 취득했다.

그게 끝은 아니었다. '이 방법이 맞다.'라고 생각하다가도 시간이 지나면 후회와 미련이 따르기 일쑤였다. 교육 전문가들이 각자의 철학대로 다르게 주장할 때면 어떤 게 맞는지, 어떻게 해야 우리 아이에게 잘 적용할 수 있는지 분간하기 힘들 때가 많았다.

그러면서 '꾸준함을 이기는 강자는 없다.'라는 것을 느끼게 되었다. 17년간 이웃 아이들을 지도하면서 많은 학생, 학부모와의 상담을 통해 '자녀 교육에 대한 나만의 철학'을 확고히 하는 기회를 스스로 만들어 갔다.

자녀 양육에 대한 답은 현장에 있었다. 다양한 아이들을 지도하고 대화하고 학부모들과 상담하는 가운데 보편적인 진리를 찾아낼 수 있었다. 그 귀한 이야기들을 떠올리며 때론 웃기도 하고, 더 잘하지 못한 것에 대한 반성의 눈물도 흘리며 이 책을 썼다.

그 과정을 통해 한편으론 오랫동안 응어리져 있던 '과거의 나'를 다독거리면서 이해할 수 있었다. 경험을 통해 얻게 된 많은 이야기를 직장에 다니며 아이를 키우는 엄마들에게, 좌충우돌 천방지축인 아이들을 어떻게 통제할까 동분서주하는 초보 맘들에게 풀어볼까 한다.

책이 나오기까지 많은 격려와 관심으로 뜨거운 응원을 아끼지 않은 남편(정상화)과 두 아이(시현, 미경), 시댁 식구들 그리고 대학 시절 나의 두 번째 부모가 되어 주었던 언니(김순미)와 형부(김재명), 힘들 때마다 인간미 넘치는 위로를 아끼지 않았던 박경원

회장님과 하경희 형님, 스피치 멘토이신 '지홍선 커뮤니케이션 즈'의 지 교수님과 북테크 선생님들, 25년 지기 귀한 인연인 신 혜정 언니, 동료애로 똘똘 뭉친 '착사모', 이웃을 위해 행복한 봉사를 마다하지 않는 에스병원 원예봉사단, '박정옥 전통떡 문화연구소' 소장님, 포항시 자원봉사센터 '강사회' 선생님들, '1인 창업스쿨' 조혜영 대표님, 나와 친분을 맺고 있는 여러 지 인 그리고 세종미디어 출판사 채규선 대표님과 김래주 편집장 님, 스태프께 심심한 감사의 말씀을 전한다.

나의 '인생 2막'이 시작되었다. 강연가와 작가로서, 또 영향 력 있는 유튜버로서의 삶을 더 많은 사람과 나누기 위해 유튜버 되기 프로그램, 자존감 향상 프로그램 등 '1인 지식기업가'의 길로 계속 정진할 것이다.

김정미

차 례

프롤로그　　과거의 '나'를 다독거리는 시간 · 7

제1장_ 내 아이 제대로 사랑하고 있나요?

호기심이 자산인 아이 · 18

어른도 듣기 싫은 잔소리 · 27

내 아이 제대로 사랑하고 있나요? · 33

내 아이의 자존감에 무슨 일이? · 39

아침밥의 중요성을 아는가? · 44

좋은 엄마의 필요충분조건은? · 48

없는 불안도 만들어 가는 엄마 · 54

자신의 모성이 옳다는 생각을 버려라 · 59

자녀 챙김에도 때가 있다 · 64

제2장_ 상처를 이기는 엄마가
자녀의 자존감을 키운다

작은 소리에도 흠칫했다 · 70

때론 엄마도 위로받고 싶다 · 78

촉진자가 되기 위한 엄마의 반성문 & 칭찬문 · 83

주문을 외워 회복한 자존감 · 89

모성애가 끌어올린 자존감 · 92

내공 있는 엄마란? · 96

제3장_ 아이의 자존감 향상을 위한 양육 습관

자존감을 다치게 하는 소통 아닌 불통이 있다 · 102

눈치 보는 아이에게 필요한 약은 부모의 공감 능력이다 · 109

엄마의 과도한 공부 욕심은 아이의 주도성을 해친다 · 113

화내는 엄마는 공격성 있는 아이를 만든다 · 117

독한 부모를 연기하라 · 121

상대적 비교는 피하라 · 125

아이를 잘 놀게 하라 · 129

분노 조절을 잘하는 아이가 성공한다 · 134

'열정'의 씨앗을 갖게 하라 · 140

자존감을 높이려면 독립심을 키워라 · 148

부모의 기다림으로 아이의 자존감 근육을 키워라 · 153

아이와 강점 찾기로 긍정지수를 높여라 · 158

제4장_ 자녀와의 행복한 대화

아이의 '자기 긍정감'을 기르는 5가지 방법 · 172

엄마는 자녀에게 롤모델이다 · 178

내 아이를 위한 최고의 선물은 '엄마 자존감'이다 · 184

할 수 있는 아이로 만드는 '버츄' 미덕 · 190

엄마가 된다는 건 축복이다 · 197

돌고래도 춤추게 하는 칭찬의 위력 · 201

자녀와 함께 보물지도를 만들어라 · 207

작은 것에도 감사하게 하라 · 212

신으로부터 부여받은 엄마라는 임명장 · 219

뚝배기 같은 사랑으로 · 223

에필로그   내 아이를 위한 진정한 사랑법 · 227

제1장

내 아이 제대로
사랑하고 있나요?

호기심이 자산인 아이

계단 난간을 타고 내려가는 스릴을 즐기던 아이, 실내화 높이 던지기 놀이를 하다가 학교 유리창을 깨서 변상하게 했던 아이, 다 마신 우유팩을 교실의 천장 선풍기 위에 꼭 올려놓아야 했던 아이, 식물원에서 사 온 부엽토를 방바닥에 펼쳐 놓고 놀았던 아이. 지금은 스물한 살의 건장한 청년이 된 우리 큰아이의 어릴 적 모습이다.

큰아이가 세 살이 되어 어린이집을 다니게 되었을 때 집에서 이웃 아이들을 가르치는 학습방을 하게 되었다. 프랜차이즈 학습지 회사에 입사해 그 소속으로 하는 일이었는데 매주 3회는 출근도 해야 했다. 집에서 아이들을 가르치면서 과월호 방문(아이들이 푼 교재를 들고 학부모 상담 가기), 교사 간 교수법 연구 등으로 바쁜 나날을 보내게 되었다.

동료 교사들과의 선의의 경쟁을 즐겼던 나는 적당히 일하는 게 싫어서 매사 열심이었다. 주 업무는 학습 지도였지만 회사는 영업도 잘하는 '멀티미디어 교사'를 원했다. 두 마리의 토끼를 잡기 위해 선배 교사들의 성공사례를 벤치마킹해 나름대로 노력했다.

주 3회 출근이 기본이었지만 더 잘하고 싶은 마음에 짬짬이 출근 회수를 늘려가기도 했다. 과월호 방문이 있는 날이면 회사의 지침대로 꾸준히 '학부모 방문 상담하기'를 실천했고, 1년이 넘는 회원일 경우에는 학부모에게 음식 대접을 하며 친밀한 관계를 형성했다. 또한 전단지를 통한 홍보, 텔레마케팅 영업도 중요한 업무였기에 동료 교사들과 팀을 나누어 협업 활동도 했다.

입사 3년 차가 되었을 때 결과물이 나오기 시작했다. 지역 내에서 'TOP 10' 교사에 오를 수 있었고, 신입 교사들에게 매뉴얼을 지도하는 역할까지 맡게 되었다. 직장에서 신임을 얻으니 명예에 대한 욕구 또한 함께 커졌다. 엄마가 열심히 사는 모습을 보이면 내 아이에게도 롤모델이 되어서 잘 따라와 줄 것이라고 생각했다. 하지만 그건 나의 착각이었다.

큰아이가 초등학교에 다닐 무렵, 담임 선생님과 반 아이들 엄마로부터 가끔 받는 전화는 나를 깜짝깜짝 놀라게 했다. 누구를 병원에 가게 할 정도로 때리거나 괴롭히는 상황은 아니었지만 수업 시간에 장난이 심하고 친구들에게 짓궂은 행동을 자주 보였기 때문이다.

호기심 천국인 큰아이의 눈에 비친 세상은 모든 게 관심이고 즐거움을 얻을 수 있는 대상이었나 보다.

이런 일이 있었다. 큰아이가 초등학교 2학년이던 때, 점심 급식을 빨리 먹고 교실에 제일 먼저 들어왔다. 선생님이 책상 위에 놓아둔 영양제 통이 관심을 자극했는지 큰아이는 그 통을 열어보았고 냄새도 맡게 되었다. 그때 들어온 다른 아이가 그 광경을 보았고, 담임 선생님의 귀에까지 들어가게 되었다.

"선생님, 시현이가 선생님 약 먹었어요."

그 말을 들은 선생님은 우리 아이를 크게 혼냈다.

"정시현, 남의 물건에 주인 허락 없이 함부로 손대면 어떡해! 이거 들고 가서 엄마한테 보여드려."

선생님이 들려 보낸 영양제 통을 잔뜩 주눅 든 얼굴로 내게 내밀었을 때 나는 화부터 냈다.

"왜 그랬어? 그러면 안 되는 거잖아."

기어들어 가는 목소리로 아이는 말했다.

"엄마, 나 선생님 약 안 먹었어. 그냥 궁금해서 어떻게 생겼나 보려고 열어 봤어. 냄새만 맡고 뚜껑을 닫았어. 정말 안 먹었어. 그런데 선생님이 내 말을 안 믿어……."

큰아이의 말을 믿기로 했다. 다음부터는 그러지 말라는 주의를 주는 것으로 넘어갔다. 지금 돌이켜보면 참 미안한 일이다. 처음 보는 물건이 눈에 띄면 누구든 궁금해할 수 있고, 만져 보고 싶은 욕구가 있을 수 있다. 담임 선생님의 처사가 과한 듯도 했지만 엄마로서 억울함에 처한 아이의 감정을 잘 보듬어 주지 못했던 것 같다.

교육업을 하고 있었던 나에게 내 아이들의 반듯함(예컨대 부정적인 화제로 엄마들 사이에 오르내리지 않는 것)과 학업 실력은 내가 하는 일과도 밀접한 연관이 있었다. 내 아이가 모범적이고 공부도 잘하면 교사로서의 신임도가 올라가고 학습방의 사업성에도 긍정적인 영향을 줄 수 있다. 학습방이 아파트 단지에 위치해 있다 보니 모든 것이 투명하게 공개될 수밖에 없었다. 그래서인지 큰아이가 초등학교 저학년이던 때는 외형적으로 보이는 면에 지나치게 신경 썼던 것 같다.

큰아이의 어린 시절로 더 거슬러 올라가 본다. 다섯 살이던 때, 유치원 수업 시간에 선생님 말을 듣지 않고 수업을 방해했다는 이유로 한겨울에 내의만 입은 채 밖으로 쫓겨나 벌을 서기도 했다.

지방이다 보니 유치원 근처에 논밭이 많아서 농번기가 되면 경운기, 이앙기 같은 농기계를 많이 볼 수 있었다. 기계에 호기심이 많았던 큰아이는 놀이터에서 놀다가도 경운기 소리가 들리면 유치원 펜스를 넘어 밭까지 들어가 경운기의 움직임을 신기하게 관찰하곤 했다.

비 오는 날이면 길을 걷다가도 낮은 웅덩이가 있는 쪽으로만 다녔다. 신발로 물장구를 치면서 바지에 흙탕물이 튀는 느낌을 굉장히 즐겼다. 그런가 하면 집안에서 세발자전거를 타면서 수건이나 책으로 장애물을 만들어 놓고는 그것을 통과하는 바퀴의 움직임을 관찰하며 놀았다. 또 자동차에 대해 무한한 관심을 보여 네 살 때 벌써 모르는 차종이 없었다. 지나가는 자동차의 이름을 줄줄 꿰었고, 밤에 전방에서 오는 자동차 헤드라이트만 보고도 차 이름을 맞힐 정도였다. 그때부터 우리 부부는 '차와 관련된 일을 하려나? 기계를 다루는 일을 하려나?'라고 막연한 상상을 하기도 했다.

다른 집 아이들처럼 독서도 많이 하길 바랐는데 외향성이 강해 잠시도 가만히 있지 않았다. 늘 행동적이다 보니 땀을 많이 흘려서 머리도 최대한 짧게 커트할 수밖에 없었다. 순간순간 사물을 바라보는 능력과 도구를 이용해 놀이 방법을 스스로 만들어 가는 큰아이를 보면서 '아, 얘는 호기심이 끝이 없구나.'라는 생각을 했다.

교육 전문가들은 '호기심이 많은 아이가 똑똑하다.', '호기심이 많은 아이로 키워라.'라고 말하곤 한다. 하지만 막상 내 아이가 그렇다고 생각하니 늘 기본적인 걱정이 수반되어서 긴장의 끈을 늦출 수 없었다.

남편과 나의 유전자를 닮아서 세상에 왔건만 당시엔 그런 점을 '감사하게' 생각하는 마음의 자리가 없었다. 그저 건강히 잘 키우고 좋은 대학에 가도록 뒷받침해 주면 부모로서 절반 이상은 역할을 해내는 거라고 생각했다.

큰아이가 가진 '호기심'이라는 능력을 마음껏 키워주지 못한 것에 대해 많은 시간이 흘러서야 반성하게 되었다.

미국 웹사이트들 중 최고 수준의 트래픽을 자랑하고 있는 인터넷 신문 『허프 포스트(Huff Post)』의 한국판을 통해 '호기심 많은 사람의 장점'이라는 글을 읽었다.

호기심이 많은 사람은 인간관계를 돈독하게 하고 두뇌 계발에 유익하며 불안감을 해소할 뿐 아니라 행복 만족도가 높고 어떤 것이든 배울 준비가 되어 있다는 게 그 요지다.

그렇다면 호기심 많은 아이는 어떻게 키워야 할까?

심리 전문가들은 '호기심은 나이 들면서 줄어들고 암기 위주의 학습이 본격화되면 호기심은 줄어들 수밖에 없다.'고 말한다. 호기심은 창의성의 가장 근원적인 원천이고, 호기심이 있어야 학습에도 좋은 성과를 낼 수가 있다.

하지만 호기심으로 인해 아이가 위험한 행동을 하거나 다른 사람에게 피해를 준다면 그때는 부모나 교사가 적절하게 개입하고 지도해야 한다. '부모 공감' 전문가인 박영님 강사는 '아이가 새로운 것을 탐구하는 활동에 대해 엄마가 지지한다는 것을 보여주어야 하고, 호기심을 발휘할 수 있는 양육 환경을 만들어 주어야 한다.'라고 말한다. 그러면서 지켜야 할 원칙을 아이와 함께 만들어 가기를 제안한다.

예를 들어 칼, 날카로운 송곳 등 도구 사용과 관련해 부모가 옆에 있을 때 허락을 받고 사용하고, 취침시간 이후에는 무엇을 만드는 행동을 해서는 안 된다는 것과 같은 원칙이다.

결국 아이의 호기심을 전문적인 배움의 기회로 발전시키는 것은 부모다. 단순한 호기심 활동을 '활동 그 자체'로만 끝내지 않고 호기심이 지식이 되게 하고 그것이 꿈으로 연결되도록 하기 위해서는 부모의 가이드가 수반되어야 한다.

또래 친구들과 비교해 유난히 '호기심'이 많았던 큰아이에게 좀 더 다양한 환경을 제공해 주지 못한 것이 아쉬움으로 남는다.

큰아이의 어린 시절을 떠올리면서 같이 얘기할 때가 있다.

"시현아, 그땐 엄마가 왜 그랬을까? 엄마가 너무 무지했다. 미안해. 더 잘 키워주지 못해서."

"무슨 소리야? 내가 좀 별나긴 했지. 하지만 엄마는 충분히 잘했어. 그래서 지금의 내가 있는 거잖아."

이제는 친구처럼 엄마 말에 응대할 줄도 아는 청년, 의젓한 성인이 되어 있는 큰아이의 듬직함이 그저 고마울 뿐이다.

부모에겐 아이의 거침없는 '호기심'이 버겁게 느껴질 때가 있다. 하지만 그런 아이의 부모임을 자랑스럽게 생각해야 한다. 그것은 아이가 더 잘 성장할 수 있다는 신호이기 때문이다. 부모가 어떤 환경을 만들어 주느냐에 따라 자녀의 품성과 학습력이 만들어져 간다. 힘들 땐 자기암시를 할 필요가 있다.

'우리 아이가 건강하게 커 가고 있구나. 고마워, 나의 보석! 잘 자라고 있어 줘서.'

아이를 조금만 더 편안하게 바라보고, 호기심을 발현할 수 있도록 과감하게 환경 여건을 만들어 주자. 부모가 배려하는 마음 크기만큼 우리 아이들의 호기심 주머니가 커 간다.

어른도 듣기 싫은 잔소리

"방 정리 좀 해 놓고 놀아라."

"휴대폰 오래 쓰지 마라."

"학교 숙제부터 하고 다른 거 해야지."

"책 좀 읽어라."

"일찍 자라."

습관적으로 아이들에게 되풀이하는 말 중 하나가 잔소리다. 잔소리란 사전적인 의미로 '쓸데없이 자질구레한 말을 늘어놓은 것'을 말한다. 필요 이상으로 듣기 싫게 꾸짖거나 참견하기에 아트스피치 대표인 김미경 강사는 '잔소리는 좋은 소리를 듣기 싫게 하는 말이다.'라고 정의하기도 했다.

가톨릭대 서울 성모병원 정신건강의학과 채정호 교수는 '어른들은 말하는 빈도를 줄이고 정말 중요하다고 생각하는 것을 한 번 생각한 뒤 이야기하도록 해야 한다. 무엇보다도 말을 하면 상대방이 긍정적으로 받아들일 것이라는 환상을 깨야 한다.'고 말했다. 잔소리는 오히려 아이의 건강을 망친다고 한다.

'잔소리를 들어서 스트레스를 받으면 노르에피네프린이라는 물질이 분비된다. 이 물질은 전두엽(추리, 계획, 운동, 감정, 문제해결에 관여하는 뇌기관)과 인지 기능에 심각한 악영향을 끼친다. 시험을 앞두고 있거나 성적이 떨어진 자녀에게 지나친 비난이나 꾸중을 하는 것은 불 난 집에 부채질하는 것과 마찬가지다.'—(헬스조선 한희준 기자)

자녀와의 소통이 부족한 가정인 경우 잔소리를 과다 사용한 때문일 가능성이 크다.

13년 전의 일이다. 희정(가명)이라는 중학교 2년생이 있었다. 희정이는 내가 학습방에서 가르치는 회원의 언니였다. 희정이는 저승사자만이 상대할 수 있다는 '중2병'의 시기를 지나고 있었다. 그런 딸을 감당하지 못한 희정이 어머니는 나에게 SOS를 청해 왔다.

희정이 어머니의 말에 따르면 희정이는 어린 시절 팔방미인이었다. 공부, 수영, 바이올린, 피아노, 학교의 과학경시 수상 등 못 하는 게 없을 정도여서 집안의 사랑을 듬뿍 받았다. 그랬던 희정이가 중학교에 가면서부터 학교 성적이 부쩍 떨어지고, 집에 오면 방문을 걸어 잠그는 일이 잦아졌다. 처음에는 '사춘기인가 보다.'라고만 생각했다고 한다.

중학교 2학년이 되자 급기야 "희정이가 결석했습니다. 희정이 무슨 일 있나요?"라는 담임 선생님의 전화를 받는 일까지 생겼다. 희정이 어머니에게는 하늘이 무너져 내리는 것 같은 충격이었다. 등굣길에 학교 앞까지 차로 데려다주곤 했는데 교실로 들어가지 않았다니 담임 선생님의 전화는 도무지 믿기지 않은 일이었다.

그날 이후로 모녀는 본격적인 갈등기에 들어섰다. 희정이는 잦은 무단결석을 넘어 외박까지 하게 되었다. 희정이 어머니는 야단을 치다 안 되면 협박, 타협 등 갖은 방법으로 딸을 바로잡아 보려 했으나 희정이의 방황은 좀처럼 잡히지 않았다. 딸 앞에서 울면서 호소도 해 보았다는 희정이 어머니는 내게 어떻게 하면 좋을지 의견을 물어 왔다.

희정이 어머니와 장시간 대화하다 보니 갈등의 원인이 딸에 대한 과다한 잔소리가 빚어낸 것임을 알게 되었다. 희정이 어머니는 딸이 어렸을 때부터 모든 스케줄을 직접 관리하고 확인했다. 어른의 관점으로 희정이에 대한 시시비비를 가렸고, 희정이의 생각이나 감정은 매사 배제되기 일쑤였다. 엄마의 각본에서 딸이 벗어나게 되면 지나칠 정도의 잔소리를 서슴지 않았던 희정이 어머니였다. 희정이는 중학교에 들어가게 되면서 비로소 자신의 소리를 내게 되었다.

'엄마, 나 너무 힘들어. 이제는 엄마 뜻대로 살지 않을 거야. 내가 하고 싶은 대로 하면서 살 거야. 내가 좋아하는 친구들도 만나고, 내가 해 보고 싶었던 오락게임도 마음껏 할 거야. 더는 꼭두각시가 되지 않을래. 엄마의 잔소리가 없는 곳에서 살고 싶어.'

일기장에 적힌 희정이의 글이었다고 한다. 희정이 어머니는 자신의 관심을 표현했던 것뿐인데 딸이 그것을 잔소리로 받아들인다며 억울해했다.

자식일지라도 상대가 원하는 것을 줄 수 있을 때 '진정한 베품'이 되는 것이다. 좋은 뜻에서 주는 것일지라도 상대에겐 해가 될 수 있고, 무용지물이 될 수 있다는 이치를 희정이 어머니는 잊고 있는 듯했다.

"어머니, 일 년 동안 많이 힘드셨겠어요. 지금 어머니는 어떤 걸 가장 원하시나요?"

"더도 덜도 말고 정규 과정은 마칠 수 있었으면 좋겠어요. 저러다가 중학교 졸업장도 못 받게 될까 봐 걱정이에요."

"졸업장을 받는 것은 정규 과정이 아니더라도 방법이 있어요. 그것보다 지금 더 중요한 건 희정이의 아픈 마음을 알아주는 것이라고 봅니다. 어머니의 뜻대로 잘 따라오지 않는 희정이로 인해 어머니의 마음이 두 배 아프시다면 희정이는 네 배 힘들 것입니다. 어른들이 느끼는 강도보다 아이들이 느끼는 건 더 큽니다. 어려운 일을 많이 겪어 보지 않았기 때문이지요."

"그럼 제가 앞으로 어떻게 해야 하나요?"

"희정이와 다른 방식으로 대화를 하셔야 합니다. 희정이의 행동과 생각에 대해서 옳고 그름을 따지시면 희정이는 또 어머니의 잔소리로 받아들일 것이기에 당분간은 들어주는 역할만 해 보시기를 권해드립니다."

일 년의 시간이 지나고 나서야 희정이의 방황은 조금씩 줄어들었다고 한다. 건강한 관계로 회복되기까지 희정이 어머니의 노력은 절대적으로 필요하다. 희정이에게 좋은 결과물을 기대하고 바라며 잔소리를 해 왔던 시간만큼 내려놓아야 한다.

이탈리아 시인 피에트로 메타스타시오는 '불평과 잔소리의 한마디 한마디는 당신 집안에 한 곡괭이 한 곡괭이씩 무덤 구멍을 파고들어 간다.'라고 말했다. 아무리 듣기 좋은 말도 자꾸 반복해서 듣다 보면 식상하고 싫어지게 된다. 하물며 잔소리는 오죽하겠는가?

어른들도 듣기 싫어하는 잔소리! 내 아이를 제대로 사랑하기 위해서 부모부터 균형을 가지고 말하는지 먼저 살펴야 하지 않을까.

내 아이 제대로 사랑하고 있나요?

자녀를 양육할 때 부모들은 저마다의 철학과 가치관으로 아이들을 위한 사랑의 기술을 선보인다. 세상 밖으로 얼굴을 내민 아이가 처음 만나는 이는 바로 '부모'다. 백지상태로 태어난 아이는 부모를 통해 세상과 소통하는 방법을 배우게 된다. 그래서 부모의 역할은 절대적으로 중요하다.

《나는 독한 부모를 연기한다》의 저자인 미국의 소아과 전문의 월트 래리모어 M.D.는 '어린 시절 부모의 역할이 아이의 모든 것을 결정한다.'라고 했다.

5년 전의 일이다. 학습방에 나오는 초등 2학년 여자아이의 어머니로부터 전화를 받았다.

"선생님, 우리 소월(가명)이가 학습방에 같이 다니는 서경(가명)이라는 한 학년 위 언니 때문에 많이 힘들어하네요. 학교에서 만나면 약 올리고 학습방에 가서는 다른 아이들에게 뒷말하면서 놀리고 쪽지를 보내면서 수업에 집중할 수 없게 하나 봐요."

"그런 일이 있었군요. 서경이가 한 번씩 수업 분위기를 흐리게 해서 주의를 준 적이 있는데 소월이가 힘들었을 거라는 생각은 안 해 봤네요. 싸웠다가 아무 일 없는 듯 서로 웃고 해서 괜찮은 줄 알았습니다. 아이들과 얘기를 해 보고 다시 연락드리겠습니다."

서경이가 먼저 학습방에 다니고 있는 상황이었고, 소월이가 오기 전에는 서경이가 학습방 아이들 중에서 학교 성적이 월등했기에 칭찬을 독차지하고 있었다. 소월이가 들어오면서 그 칭찬을 빼앗기고 있다는 생각이 들었는지 어느 순간 소월이에 대한 서경이의 질투가 시작되는 것이 느껴졌다.

약간의 선의의 경쟁은 필요하다 싶어서 짐짓 모른 척하고 있었는데 소월이 어머니의 전화를 받은 뒤로 문제에 적극적으로 대응하기 위해 두 아이를 불러서 상담하는 시간을 가졌다. 조심스레 상황 설명을 한 뒤 얘기를 들으려 하자 서경이는 어깨를 들썩이며 눈물부터 흘렸다.

"소월이는 너무 잘난 체해요. 자기는 시험에서 항상 100점만 맞는다면서 언니는 그것도 모르냐며 무시도 자주 해요."

나는 소월이를 바라보며 친절한 어투로 물었다.

"정말 소월이가 그랬니? 서경이 언니가 100점 못 맞으면 무시한 적 있었어?"

소월이는 그런 적이 없다며 자신의 행동을 인정하려 하지 않았다. 두 아이의 말이 달랐다. 이런 경우 놀린 아이는 자신의 말이 상대에게 상처가 될 수 있다는 것을 인식하지 못해 무시한 적 없다고 하기 일쑤다. 문제는 무시당했다고 생각하는 아이 쪽의 마음 상태다.

그래서인지 닭똥 같은 눈물을 흘리는 서경이의 마음에 이해가 갔다.

"소월아, 선생님은 네가 공부도 잘하고 성격도 활달하고 밝아서 너무 좋아. 그렇지만 소월이가 무심코 별 생각 없이 한 말들이 서경이에겐 상처가 되었을 수 있어. 그러니까 다음부터는 '언니는 그것도 몰라?' 이런 말은 쓰지 않았으면 좋겠어."라고 얘기한 후 서경이에게도 챙김의 말을 잊지 않았다.

"서경아, 소월이가 너보다 어리다 보니 철없이 말을 내뱉었던 것 같아. 네가 언니니까 조금만 더 이해해 주면 좋겠다. 나중에라도 소월이가 또 그러면 따끔하게 얘기해 줘. 그런 말 들으면 기분이 나쁘니까 그러지 말아 달라고. 네가 감정을 얘기 안 하면 소월이는 습관처럼 그런 얘기를 할 수가 있어."라고 얘기한 후 화해의 의미로 서로 안아주게 했다.

둘 다 말뜻을 이해하는 표정이어서 나도 한결 마음이 편해져 소월이 어머니께 아이들과 나눈 대화 내용을 그대로 전했다. 또한 서경이 어머니한테도 학습방에서 이런 일이 있었으니 알고는 있으라고 말한 후 서경이가 위축되지 않도록 스킨십을 자주 해 주라고 부탁했다. 그런 일이 있은 후 3개월쯤 지났을 때 다시 소월이 어머니의 전화를 받았다. 소월이 어머니는 굉장히 미안해하는 어투로 말했다.

"우리 소월이를 서경이랑 떼어놓는 게 맞는 것 같아요. 소월이가 서경이로 인해 스트레스를 받는 것 같아서 저도 더는 못 보겠네요. 학습방에서 화해했다고는 하지만 학교에서 만나면 또 서로 으르렁대나 봐요. 학습방에서만이라도 떨어져 있고 싶어 하네요. 여자애들이다 보니 미묘한 감정은 어쩔 수 없나 봅니다. 오늘 오후에 소월이 책 가지러 갈게요."

그날 저녁 소월이 어머니는 아이와 함께 마지막 인사를 하고 책을 챙겨 갔다. 그러면서 놓고 간 롤케이크를 보는 마음이 아팠다. 1년여 동안 소월이에게 정이 많이 갔던 것 같다.

친구와 갈등을 겪고 있는 소월이를 관계에서 떼어 내는 것이 최선의 방법이었을까? 비슷한 상황이 일어날 때마다 소월이는 앞으로도 '회피'를 선택할 수 있다. 누구와 충돌이 생겼을 때 많이 다치지 않고 안전하게 선택하는 회피라는 행동 대안을 부모로부터 습득했기 때문이다.

학습방에서 서로 투덕거리다가도 웃고 넘기는 모습을 볼 때면 지극히 일반적인 모습이었기에 크게 걱정하지 않았다. 하지만 학습방에서 있었던 일을 소월이가 집으로 돌아가 전달하는 과정에서 부모의 심기를 불편하게 했던 것 같다.

'내 아이가 마음고생 해서는 안 된다.', '내 아이는 뭐든지 잘하기 때문에 다른 누군가로부터 스트레스를 받으면 안 된다.'는 과잉 보호적인 생각은 자녀의 건강한 마음 성장을 방해할 수 있다. 하나의 사과도 상품 가치를 가진 열매로 수확되기까지 비, 바람, 번개, 더위 등을 겪는 과정을 거쳐야 한다. 자연의 일부인 인간 또한 다를 바가 없다.

아이의 고민을 대신 해결해 주고, 위기 상황이 생기면 피하는 게 상책이라고 양육하는 부모들이 의외로 많다. 마치 그것이 아이를 향한 사랑인 양 착각하는 오류를 범한다.

제대로 아이를 사랑하고자 한다면 어려움을 이겨낼 수 있는 힘을 키우게 해야 한다. 자기 일에 대해서 고민하고 뜻대로 되지 않아 힘들어할 때 부모는 조용히 안내자 역할만 하면 된다. '1번 문제의 유형엔 2번이 정답이고, 3번 문제의 유형엔 4번이 정답이다.'라는 획일성만을 내세우는 지도자 역할은 자제해야 한다.

요즘은 초등학교 2학년만 되어도 자신의 의견을 정확히 내세울 줄 아는 아이들이 많다. 배 속에 있을 때부터 태교 독서를 하다 보니 아이들의 인지 수준은 날로 높아지고 있다. 그런 아이들을 마냥 어린아이 취급한다는 건 옳지 않다.

내 아이가 혼자 힘으로 우뚝 설 수 있도록 과잉보호가 아닌 확고한 원칙을 가지고 양육하는 것이 내 아이를 제대로 사랑하는 방법이 아닐까.

내 아이의 자존감에 무슨 일이?

　둘째인 딸(17세)은 친구들과 어울리는 것을 좋아하고 자신의 감정보다는 타인의 감정을 먼저 살필 줄 아는 심성 깊은 아이다.

　딸이 초등학교 6학년 때 있었던 일이다. 사건(?)이 있던 그날, 딸아이와 몇몇 친구들은 서로의 브래지어 훅을 푸는 등 짓궂은 장난을 치며 학교 운동장에서 놀았다. 그러다 피해자인 같은 학년의 A는 딸아이가 내민 발에 걸려 넘어졌고, 그로 인해 서로 얼굴을 붉히는 일이 벌어졌다. 누가 누구에게 폭력을 쓰거나 심한 욕설을 하는 행위는 없었다.

하지만 피해자인 A의 어머니는 학교폭력 대책자치위원회에 경위서를 제출했고, 이 일에 연루된 딸과 그 자리에 있었던 친구들은 학폭위의 절차를 밟아야 한다는 가정통지문을 받게 되었다. 통지문을 받은 엄마들은 여러 번 회의를 했다. 아이들도 참석시켜 이야기를 들었다. 딸아이와 친구들은 많이 당황해 했고 약간 억울하다는 표정이었다.

"A와 장난치며 놀았던 거예요. 한 번씩 이렇게 놀 때가 있어요."라며 자신들의 상황을 설명했지만 나는 딸아이와 친구들을 강하게 꾸짖었다.

"너희들은 장난이라고 생각했을지 모르지만 피해를 받았다고 생각하는 그 친구는 모욕감이 들었을지 몰라. 상대가 불편해 하면 그건 너희들 잘못이 분명해. 잘못을 인정하고 그 친구에게 사과하자."

학교폭력 대책자치위원회 만큼은 열리게 하지 않으려는 생각에 피해자 A의 어머니께 수차례 사과의 문자를 보냈고, 심지어는 딸아이와 함께 집으로 찾아가 진심 어린 사과를 하려고도 했다. 그때마다 돌아오는 건 피해자 어머니의 냉랭한 반응이었다.

"더는 찾아오지 마세요. 저는 이 학교폭력 대책자치위원회를 꼭 열리게 할 겁니다. 혹여나 이 일을 계기로 우리 애한테 해코지

할 수도 있기 때문에 그런 일을 못하게 쐐기를 박아둘 거예요.”

결국 학교폭력 대책자치위원회는 열렸고, 위원들 앞에 가서 난 울음으로 호소했다. 누구 앞에서든 당당하게 말할 줄 아는 나의 모습은 온데간데없고, 오로지 선처를 구하는 엄마의 마음만 가득했다. 회의장의 위원들 말씀 한마디 한마디가 가슴을 후벼팠다.

“미경이 어머니, 피해자 A 어머니의 심정을 헤아려 보셨습니까? 경위서에는 미경이 어머니의 사과 말씀을 구구절절 적어 놓으셨지만 결과적으로 학폭은 열렸잖아요. 이런 일이 안 일어나게 사전에 단속을 잘했어야죠. 하고 싶은 말 있으면 해 보세요.”

10여 명이 넘는 위원들이 있는 자리의 분위기에 압도되었고, 감정을 자극하는 말에 더욱 위축될 수밖에 없었다.

“죄송합니다. 제가 아이를 잘못 키웠습니다. 다시는 이런 일 없도록 교육을 잘하겠습니다.”

위원들 앞에서 대역죄를 지은 기분으로 앉아 있는 마음은 너무 무겁고 부끄러웠다. ‘내 인생에 이런 일을 다시는 만들지 않으리라. 반성하자, 진심으로…….’ 그리고 피해자 A에겐 가슴속 깊이 미안한 마음을 가졌다. 다행히 학폭위의 결과는 제일 약한 1단계인 ‘서면 사과’로 끝날 수 있었다. 하늘이 도운 결과였다.

“경아야. 마음 아팠지? 고생했다. 이젠 친구들이랑 짓궂게 놀지 말아야 되겠지? 엄마 어린 시절엔 이런 일이 다반사였어. 남학생들이 여학생들 스커트 들추고, 너희들이 놀았던 것처럼 우리도 브래지어 훅을 풀어 버리는 장난도 많이 치며 놀았다. 하지만 지금은 세상이 바뀌었다. 노는 문화 자체가 달라졌다는 거지. 친구에겐 어떤 식으로 사과했니?"

"학폭위가 열리는 교실 앞에서 사과했어. 그 친구 엄마도 같이 있었고."

"그래 잘했다. 우리 경이도 이번에 큰 경험했다. 일이 이쯤에서 마무리되어 정말 다행이다."

이 일이 있은 후 딸아이와 피해자 친구가 중학교에 가면 다른 반이 되기를 바랐는데 같은 반이 되었다. 어쩌면 신이 내려 주신 미션인지도 모르겠다. 중학교 입학 초기에 딸아이는 학교 가기를 부담스러워했다. 그럴 때마다 딸아이의 불편한 감정을 읽어 주고 이겨낼 수 있도록 격려해 주는 것을 아끼지 않았다. 지금은 A와 딸아이가 스스럼없이 잘 지내고 있어 감사하게 생각한다.

3년이라는 시간이 흘러서 그 일을 다시 생각해 본다. 당시 피해자 A의 어머니와 사전에 만나 좀 더 열린 대화를 할 수 있었다면? A의 어머니가 나와 다른 엄마들 마음을 조금만 더 받아 줄 수 있었다면? 또는 해당 아이들의 담임 선생님이 학폭위 개

죄를 접수하기 전에 양측 부모들과 아이들을 면담해서 사전 조정의 기회를 가져 주었다면 어떠했을까?

학폭위 개최가 결정됨과 동시에 '피해자 우선주의의 원칙'에 의해 가해자 쪽의 의견은 별로 반영되지 않았다. 그 과정에서 아이들은 많은 상처를 받았다. 그 일이 있기 전까지 친하게 잘 지냈던 아이들이 어느 순간 서로를 경계해야 하는 상황이 되어 버렸으니 피해자의 마음 또한 편하지는 않았을 것이다.

어떤 식으로든 학교폭력은 정당화될 수 없다. 어느 한쪽이 불편함을 느끼고 잠깐이라도 수치심이 생겼다면 폭력인 것이다. 외형적인 폭력보다 내면적인 폭력이 더 아플 수 있다. 그 일을 계기로 딸아이에게 일러주었던 부분이기도 하다. '뭔가 배울 수 있는 실수들은 가능하면 일찍 저질러 보는 것이 이득이다.'—(윈스턴 처칠)

당시 나는 가해자가 되었던 딸아이에게 자신이 꿇을 수 있는 것보다 더 낮은 자세로 엎드리게 했다. 부모로서 해 줄 수 있는 최선이었기 때문이다. 내 아이의 부끄러운 감정보다는 상대 아이의 불편한 감정을 더 먼저 헤아리게 했다. 더 따뜻하게 다독여 줄 수 없었던 당시 딸아이의 자존감에 위로의 말을 전한다.

"애썼다. 그리고 잘 이겨내 줘서 고맙다."

아침밥의 중요성을 아는가?

《동아시아 식생활학회 학술발표대회 논문집》에 '아침밥의 중요성'이 수록되어 있다. 아침밥이 어린이, 청소년의 성장과 학습 능력에 영향을 미친다는 것이다. 그 안에 이런 내용이 나온다.

'아침밥은 잠자고 있는 동안 음식을 먹지 않았던 인체에 영양을 공급하고, 포도당은 뇌의 활동을 활발하게 하며, 철분은 혈액 중 헤모글로빈의 구성 성분으로써 산소를 뇌로 운반하는 역할을 한다. 아침밥을 먹으면 신진대사를 자극해 몸을 깨우며 식사 중 씹는 작용으로 인해 안면 근육이 움직여 대뇌를 자극하는

효과를 주게 된다.'

나는 학교를 마치고 돌아오는 아이들에게 학습방에서 옵션으로 간식을 제공했다. 아이들이 오는 시간은 오후 1시부터 6시까지라서 그 중간쯤에는 배가 고플 시간이었다. 재료를 사서 직접 만들어 주기도 하고 음식을 사 와서 제공하기도 했다. 아이들은 간식 먹는 시간을 가장 행복해했다.

"선생님, 간식 몇 시에 줘요? 저 배고파요."

초등학교 2학년생인 한 아이가 학습방에 오자마자 얘기한다.

"학교에서 점심 많이 안 먹었어?"라고 물었더니 "아침에도 엄마가 밥을 안 줘서 굶고 갔는데, 점심 메뉴가 별로 마음에 안 들어 조금밖에 안 먹었어요."

"엄마가 편찮으시니?"

"아뇨. 우리 엄마는 자주 늦잠 자요."

아침밥이 성장기 아이에게 중요하다는 걸 알면서도 간과하는 학부모들이 많다. 학부모와의 상담 때 '아침밥에 대한 중요성'을 언급하면 이렇게들 답변한다.

"우리 애는 아침을 챙겨 줘도 잘 안 먹어요."

"우유 한 잔도 겨우 먹여서 보낼 때가 많아요. 아침잠을 못 이겨서 깨우는 게 전쟁이에요"

"아침 먹이는 데 걸리는 시간이 너무 길어서 안 챙기게 돼요."

자신들의 행동에 대해 당당함을 보인다.

그러면서 'OO출판사에서 나온 과학 학습만화가 괜찮다더라.', 'OO에서 나온 은물이 비싸지만 좋다더라.', '수학 과외 똑소리 나게 잘하는 사람한테 붙였더니 OO네 아들 수학 점수가 많이 올랐다더라.' 같은 정보에는 열 일 제치고 재차 물어보면서 관심을 보인다. 내 아이가 잘하기를 바라는 마음은 모든 부모의 희망이기 때문에 당연한 관심일 수 있다.

하지만 장거리 마라톤을 뛰기 위해서는 튼튼한 체력이 필수다. 등교하는 아이의 아침을 챙기는 것은 부모로서 필수로 가져야 하는 의무라고 생각한다. 자신의 의무를 다하지 않으면서 아이가 공부를 잘하기를 바라고, 남들보다 우수해지기를 바라는 건 모순된 마음가짐이 아닐까?

옥스퍼드 당뇨센터의 프레더릭 카르페 교수는 아침 식사가 사람의 신진대사를 촉진하는 핵심적인 역할을 한다고 말한다. '우리 몸의 조직이 음식을 잘 소화하기 위해서는 인슐린을 촉진시켜 줄 탄수화물과 같은 에너지원이 필요하다. 아침이 꼭 필요한 이유다.'라는 게 그 요지다.

결혼하기 전에는 아침을 꼬박꼬박 챙겨야 한다는 부담감이 싫어서 거를 때가 많았다. 하지만 가정을 이루면서 '하늘이 무너져도 아침은 꼭 먹어야 한다.'는 신념을 가진 남편을 만났기에 아침 챙기는 일은 일상의 중요한 과제가 되었다.

그래서인지 우리 집의 두 아이는 어린 시절 잔병치레를 거의 하지 않았다. 가끔 걸리는 감기 말고는 병원에 가는 일도 별로 없었다. 엄마의 사랑을 표현할 수 있는 첫 단계는 '내 아이를 위한 아침밥 챙기기'가 아닐까. 엄마로서의 도리임을 잊지 말자.

좋은 엄마의 필요충분조건은?

큰아이가 유치원에 다니게 됐을 때 집에서 셔틀버스로 30분이 소요되는 거리에 있는 곳으로 보내게 되었다. 친한 언니와 함께 밤새 줄을 서서 순번에 들어갈 수 있었던 곳이었기에 교육에 대한 애착 또한 남다를 수밖에 없었다. 정기적으로 진행되는 '부모 교육'은 모든 일의 우선순위로 참가했고, 유치원에서 학부모에게 요구하는 사항은 100% 귀담아들으며 적극적으로 따랐다.

큰아이 다섯 살 때 유치원에서 '재롱잔치'가 있었다. 음률에 대한 감각과 운동신경이 있어서인지 큰아이는 맨 앞줄 중앙에 서서 공연을 했다. 무대에서 처음 보여주는 퍼포먼스는 그야말로 감동이었다. 어찌나 잘하는지 놀랍고 감사해서 감동의 눈물을 주체할 수 없었던 기억이 난다.

집안 어른들 사랑을 독차지하며 무럭무럭 잘 자라 주기만을 바랐던 만큼 교육적인 기대도 컸다. 로봇 분야에 관심을 보이고 재능도 있었기에 아낌없는 지원을 했다. 지원하는 만큼 결과물도 가져와서 남부러울 게 없었다.

그랬던 큰아이에게 '아픔의 시간'이 찾아왔다. 더 세월이 지나서 큰아이가 6학년일 때의 일이다.

"엄마, 잠깐 나랑 얘기 좀 해요."

"응? 우리 아들이 엄마한테 면담 신청하는 거야? 좋지!"

"왕따 당하고 있어요. 실은…… 저, 학교 가기가 싫어요."

아들은 점차 감정이 고조되어 눈물을 하염없이 흘렸다. 태어난 이래 처음 보는 모습이었다. 너무 놀랍고 당황스러워 나도 멍하니 한참을 응시했다. 같이 흥분하면 안 된다 싶어서 빨리 이성을 찾고 아들 손을 꼭 잡아 주었다.

"우리 아들 많이 속상했겠다. 친구들이 너를 왕따하는 이유가 뭔지는 알고 있어?"

"기집애처럼 여자 같은 옷 색깔만 입어서 재수 없대요."

"정말이니? 또 다른 이유는?"

"모르겠어요……. 애들이 그렇게 얘기했어요."

"학교 선생님은 네가 친구들에게 따돌림받고 있다는 사실을 알고 계셔?"

"따로따로 불러서 무슨 일 있냐고만 물어보셨어요. 친구들끼리 잘 지내라고 하셨지만 잘 안 돼요."

친구라면 죽고 못 사는 아이에게 따돌림이라니! 도무지 믿기지 않았다. 주동하고 있다는 아이 엄마에게 당장이라도 전화해서 따지고 싶었다. 하지만 그렇게 되면 우리 아이의 입장이 더 난처해질 수 있다 싶어서 감정을 애써 눌렀다.

"아들, 엄마가 어떻게 해 줄까?"

"일단은 제가 더 노력해 볼게요. 친구들에게 진심을 다해 제 마음을 보여 보고도 잘 안 되면 그때 다시 얘기할게요."

"그래. 우리 아들 힘들어서 어쩌누……. 진실은 통하게 되어 있으니 친구들에게 네가 먼저 다가가 봐."

"네, 엄마."

"엄마한테 얘기해 줘서 고마워. 엄마는 항상 네 편인 거 알지? 네 뒤에 있을 테니 너무 걱정하지 말고 당당하게 풀어 가 봐. 엄마 도움 필요하면 언제든 얘기하고."

그런 대화를 나누고 일주일이 지나도 별로 달라진 게 없었는지 아들은 나에게 도움을 요청해 왔다. 아들 친구 중에 편하게 느껴지는 어머니 두 분에게 전화를 걸어 아이들의 상황을 설명하고 잘 지낼 수 있게 애들한테 얘기 좀 해 달라고 부탁했다. 친구 어머니도 많이 놀라며 나와 우리 아들을 위로해 주고 미안해했다.

얼었던 아이들의 마음이 일순간 녹기를 바라는 건 부모의 욕심이리라. 아이들끼리 말을 조금씩 늘리는가 싶더니 다시금 냉랭한 분위기가 지속되었다. 일찍 등교해서 친구들과 운동장에서 축구를 했던 아들의 축구화가 임무를 다하지 못하고 집에 외롭게 있는 모습을 보니 마음이 아팠다. 아들이 먼저 다가가 말을 붙여도 친구들이 받아 주지 않자 아들은 시간을 두고 기다려야 한다는 필요성을 느꼈던 듯하다.

두 달 남짓의 시간이 지나자 따돌림의 대상이 다른 아이에게로 옮겨가고, 아들은 다시 예전처럼 어울리게 되었다는 말을 듣고 솔직히 씁쓸했다. 외로움을 겪어야 할 대상이 내 아이의 다른 친구라 생각하니 속상하기도 하고 유치해서 화가 나기도 했다. 담임 선생님께 넋두리라도 하고 싶었지만 알아서 잘하실 거라 믿고 더 지켜보기로 했다. 아니나 다를까 우리 아이 다음의 따돌림 대상이었던 그 아이도 두 달 정도를 홀로 보냈다고 한다.

누군가에게 미움을 받아야 할 이유가 있다면 그 원인을 알아야 하고, 고쳐서 해소될 원인이라면 수정하는 단계를 거쳐야 한다. 그것은 각자의 몫이다. 그런데 논리적인 이유가 되지 못하는 일로 누군가의 미움을 사야 한다면 그건 억울하고 답답한 노릇이다.

남자아이가 여자아이들이 좋아하는 색깔의 옷을 입는다는 이유, 밥을 지저분하게 먹는다는 이유, 집에 엄마 아빠가 안 계신다는 이유, 집이 가난하다는 이유 등으로 실제 학교 현장에서는 아이들 사이에 따돌림이 진행되고 있다.

고학년이 저학년의 금품을 갈취하거나 이유 없는 패싸움이 벌어지는 경우도 간혹 있지만 따돌림은 학교에서 흔히 생기는 일이다. 좋은 게 좋다고 친구들 사이에 자신의 뜻을 크게 보이지 않다 보면 어느 순간 '얘는 무시해도 된다.'라는 생각이 자리하는 듯하다. 남을 배려하는 우유부단한 성격이 때론 희생자가 될 수 있다는 걸 실감했다.

아들은 중학교에 들어가게 되면서 큰 변화를 가져 왔다. 초등학생 때 한 번도 해 보지 않았던 학급 실장을 맡기도 했다. 학급의 리더가 되면서 세상을 향해 좀 더 적극적인 모습을 만들어 가려고 애쓰는 모습이 역력했다. 중학교 2학년 후반이 되면서는 전교 학생회 부회장으로 출마할 의지까지 보였다. 공약을 적는데 함께 고민하며 늦은 시간까지 발성과 액션 연습을 했다.

그 결과 당선의 기쁨을 얻을 수 있었고, 학생회 활동을 하면서 자신의 잠재된 기질을 마음껏 발휘하는 기회를 가지게 되었다.

"난 우리 아들이 이렇게 해낼 줄 알았다. 웅크려 있던 어깨를 펴고 당당하게 너의 목소리를 내는 모습이 정말로 훌륭하다!" 라고 했더니 아들은 넉살스럽게 "응. 내가 좀 하지."라면서 웃었다.

축제 때 학생들 앞에서 보여 준 댄스 실력은 인근에 있는 '아카데미 댄스 학원'에 정보로 흘려들었다. 댄스대회 선수로 스카우트 제의가 들어오는 바람에 단념시키느라 약간 마음을 쓰기도 했지만 행복한 고민이었다. 우리 아이가 누군가에게 인정받는다는 건 감사한 일이다.

아들의 마음 나이테가 커 감에 따라 나의 마음 나이테도 커 갔다. 그 과정에 나는 끊임없이 아들을 인정해 주었고, 긍정적으로 지지하는 엄마의 역할을 놓치지 않았다. 꾸준하고 일관성 있게 관심을 보여주는 것. 엄마라면 당연히 가져야 하는 필요충분조건이 아닌가 생각해 본다.

없는 불안도 만들어 가는 엄마

학습방에서 여름방학 캠프를 계획해 학부모들에게 알리게 되었다.

"어머니, 학습방에서 여름방학 이벤트로 물놀이 캠프를 다녀오려고 합니다. 명희(초2, 여, 가명) 편으로 안내문을 보내드릴 테니 읽어 보시고 참가신청서에 사인해서 보내주시면 됩니다."

"선생님, 저는 우리 명희 그런 데 보내지 않아요. 괜히 들떠서 휩쓸리다 보면 사고가 날 수도 있고요."

"제가 옆에서 애들 살피고 관리할 거라서 어머님이 걱정하시는 것만큼 위험한 일은 일어나지 않도록 할 겁니다. 명희도 애들이랑 너무 가고 싶어 하던데요."

"죄송해요. 명희는 제가 저녁에 알아듣도록 설득시킬게요."

"혹시 명희를 보내지 않으시려는 다른 이유가 있는지 여쭤봐도 될까요?"

"아뇨. 그런 건 없습니다. 그냥 사전에 조심하는 거죠."

불안 심리는 사람에 따라 다 다르다. 박종석 정신건강의학과 전문의는 불안 심리에 대해 이렇게 말한다.

'불안의 대부분은 사실 실제보다 그것을 과장되게 받아들이고 극단적이고 최악의 경우를 가정함으로써 겪게 되는 경우가 많다. 이러한 과장과 왜곡, 일반화 등의 생각이 지나치다는 것을 이해시켜 주고, 오류를 고쳐 주는 것이 인지 치료다. 필요한 것은 믿을 수 있는 누군가의 존재다. 아무리 강하고 완벽한 사람일지라도 이 근원적이고 본질적인 불안감에서 혼자 빠져나오지는 못한다.'

함께 가고 싶어 하는 명희의 간절한 눈빛을 저버릴 수 없어 명희 어머니께 다시 한번 부탁했다.

"어머니. 괜찮으시다면 학습방 캠프 가는 날 저랑 동행해 주실 수 있을까요?"

"어, 제가 같이 가면 다른 아이들이 싫어하지 않을까요?"

"애들한테는 보조 교사라고 얘기할 겁니다. 걱정하지 마세요.

어머니께서 그렇게 해 주신다면 저는 더없이 감사하죠. 명희도 많이 좋아하겠네요."

그렇게 해서 명희 어머니는 '물놀이 캠프'에 힘께했고, "제가 걱정을 사서 했나 봅니다."라며 흐뭇해했다. 그 후로는 방학 이벤트가 있어도 믿고 명희를 보냈다.

우리가 일상에서 겪는 불안 요소들의 90% 이상은 일어나지도 않을 일들이라고 한다. 지나친 안전불감증도 문제 있지만 과하게 불안감을 갖는 것 또한 인간의 성장을 방해할 수 있다.

없는 불안을 만들어 가는 또 한 사람이 있었다. 아이들의 학교 기말고사가 있는 날이라서 학부모들에게 전화 상담을 하기로 되어 있는 날이었다.

"어머니, 지혜(초3, 여, 가명) 기말고사 잘 치를 겁니다. 제가 원하는 대로 어찌나 잘 따라오는지 이뻐 죽겠어요."

"선생님, 우리 지혜 실수 안 하겠죠? 자기가 아는 것은 대충 보는 성격이 있어서 많이 덜렁대요. 실수를 달고 사는 애라서 또 문제를 제대로 안 보고 올까 봐 불안하네요."

"어머니, 지혜를 믿어 보세요. 너무 걱정하지 말고 따스한 차 한잔하시면서 아침 보내세요."

아이의 성향이 부모 기대치에 못 미치면 불안해하고 걱정을 입에 달고 사는 분들이 있다. 아이들은 부모가 불안해하면 부모가 느끼는 것만큼 함께 느낀다. 자신이 하는 일에 대해서 자신감을 갖지 못하고 의기소침해하는 모습을 보이게 된다.

'이게 맞나? 틀리나?' 같은 긴가민가한 마음을 갖는다. 엄마의 불안감 표시가 아이에게 확신을 갖지 못하게 하기 때문이다. 어떤 아이는 하나부터 열까지 엄마의 허락을 받아야만 안심하는 경우가 있다. 아이의 결정성이 엄마에 의해 좌우된다. 어려서부터의 이런 습관은 어른이 되어서까지 나타난다. 우리가 흔히 말하는 '마마보이', '마마걸'이 그것이다.

"우리 애가 너무 어려서 그렇죠. 아직은 엄마 손길이 많이 필요해요."

"하나를 시키면 제대로 한 적이 없어요. 언제쯤 나에게 믿음을 줄지 모르겠어요."

"애들은 엄마가 관심 둬 주는 것만큼 따라오게 되어 있어요."

학부모들은 이러한 말들로 자신의 양육에 대한 불안감을 합리화시킨다.

아이를 키우다 보면 좌충우돌 많은 일이 생길 수밖에 없다. 옛말에 '구더기 무서워서 장 못 담그랴.'라는 말이 있다. 구더기가 생길 거라는 걸 미리 염려하고 불안해하면 결국 아무것도 하지 못한다는 뜻이다.

호기심 많은 아이는 어쩌면 구더기를 피하기 위해 장을 아예 담그려 하지 않는 부모보다는 함께 장을 담그며 구더기가 생기지 않도록 예방하는 지혜를 알려주는 엄마를 더 원할지도 모른다.

엄마라는 이름은 위대하다. 하지만 완벽하게 잘하려는 마음을 갖다 보면 '엄마라는 여정'은 고난의 연속일 것이다. 엄마가 됨을 즐기자. 조금만 더 여유로운 마음으로 한발 물러서서 아이를 바라보자. 생각지 못했던 넓은 세상이 우리 아이들 품으로 올 것이다. 그런데도 당신은 물가에 내놓은 아이처럼 내 아이가 불안한가?

자신의 모성이 옳다는 생각을 버려라

내 딸을 백 원에 팝니다

—장진성(탈북 시인)

그는 초췌했다

— 내 딸을 백 원에 팝니다

그 종이를 목에 건 채

어린 딸을 옆에 세운 채

시장에 서 있던 그 여인은

그는 벙어리였다

팔리는 딸애와

팔고 있는 모성을 보며

사람들이 던지는 저주에도

땅바닥만 내려 보던 그 여인은

그는 눈물도 없었다

제 엄마가 죽을병에 걸렸다고

고함치며 울음 터지며

딸애가 치마폭에 안길 때도

입술만 파르르 떨고 있던 그 여인은

그는 감사할 줄도 몰랐다

당신 딸이 아니라

모성애를 산다며

한 군인이 백 원을 쥐어주자

그 돈 들고 어디론가 뛰어가던 그 여인은

그는 어머니였다

딸을 판 백 원으로

밀가루 빵 사 들고 허둥지둥 달려와

이별하는 딸애의 입술에 넣어 주며

— 용서해라! 통곡하던 그 여인은

시 속에 등장하는 여인은 모성애를 발휘한다. 자신의 생이 얼마 남지 않았다는 것을 알고는 딸아이와의 생이별을 감행한다. 굶주린 아이를 위해 마지막으로 밀가루 빵을 입에 넣어 주는 광경은 가슴 찡한 애절함을 느끼게 한다. 하지만 과연 이것이 자식을 위한 것인가?

딸아이는 '엄마에게 버려졌다는 사실'을 평생 가슴에 담고 살지도 모른다. 마치 드라마 〈동백꽃 필 무렵〉의 동백이처럼 말이다. 마지막 삶을 다하는 순간까지 자식과 함께한다면 어쩌면 그아이는 어머니에 대한 기억이 삶의 모티브가 되어 더 열심히 살아갈 수도 있을 것이다.

내가 지도했던 초등학교 4학년인 성태는 3남매 중 막내였다. 공부도 곧잘 했기 때문에 성태에게 거는 어머니의 기대 또한 남

다름이 보였다.

"선생님, 저는 요리하는 게 너무 좋은데요. 우리 엄마는 부엌에 못 들어가게 해요. 불 옆이라서 위험하다면서요. 엄마는 저를 너무 아기 취급해요. 엄마 없을 때 형이랑 몰래 달걀 프라이를 해 본 적이 있어요. 진짜 맛있었어요. 저는 커서 백종원 아저씨처럼 유명한 요리사가 될 거예요."

"우와, 진짜? 백종원 아저씨처럼 유명해지면 성태한테 사인 받아야겠다."

자신의 일을 스스로 알아서 할 수 있는 나이인데도 불구하고 성태 어머니는 아이의 모든 것을 직접 챙겼다. 심지어 성태가 친구들과 버스를 타고 시내에 가려 할 때도 당신이 손수 태워 주었다. 성태네 큰형이 친구들이랑 1박 2일 캠프를 간다고 했을 때도 믿을 만한 아이가 함께하지 않으면 절대 허락하지 않았다. 성태 어머니는 자신의 양육관이 아이에 대한 관심이자 엄마라면 당연히 챙겨야 할 도리라고 했다.

성태 어머니는 성태를 의사로 키우고 싶어 했다. 집안에 의사 한 명 나오면 '가문의 영광'이라며 확고한 포부를 보인 적이 있었다. 성태의 의견은 전혀 고려하지 않는 어머니의 교육철학이 위험해 보였다. 당신이 해내지 못한 꿈을 성태를 통해 이뤄보고

자 하는 대리 욕구는 엄마들이 철저히 배제해야 하는 마음가짐 중 하나이기 때문이다.

저마다 자식에게 보이는 모성은 주관적이기 때문에 딱히 'A는 정답이고, B는 오답이다.'라고 말할 수는 없다. 하지만 다른 사람들의 생각이나 가치관을 받아들이고 수용할 줄 아는 유연한 자세는 가질 수 있어야 한다. 모성이 진하다고 해서 그것이 절대적일 수는 없기 때문이다.

팔랑귀가 되어서 이럴 때는 이 사람 따라 하고 저럴 때는 저 사람 따라 하는 것과는 다른 말이다. 양육에 대한 자신의 철학을 가지되 때로는 자신에게 없는 것을 받아들일 줄 아는 개방성을 갖자는 것이다. 자신이 지향하는 모성이 반드시 옳다는 생각은 버려야 한다.

자녀 챙김에도 때가 있다

'늦었다고 생각할 때가 가장 빠를 때다.'라는 말이 있다. 어떤 일에 대해 마음먹기까지의 과정이 어려운 것이지 의지만 있으면 실천하는 행동력으로 얼마든지 그것을 성취할 수가 있기 때문이다.

이를 자녀 양육과 연관 지어 말해 볼 수 있다. '자녀 챙김'에 서투른 사람들의 특징이 있는데, 이와 관련해 전하고 싶은 것이 있어 꺼낸 말이다.

첫째, 자신만큼 바쁜 사람이 없다고 생각한다

너무 빠듯한 일정 때문에 한가한 것에 관심을 둘 마음의 여유가 없다고 말한다. 그러다 보니 자녀들과 대화하는 것, 소통하는 것에 소극적이며, 대신 경제적으로 풍족하게 뒷받침해 주는 것으로 부모의 도리를 다하고 있다고 생각하며 위안을 받는다.

자녀들은 "주말에 돈 줄 테니 친구들이랑 영화 보고 맛있는 거 사 먹고 오너라."라는 말보다는 "엄마가 주말에도 출근해야 하는데, 일 마치고 오면 해 질 무렵이 될 것 같아. 그 시간에라도 우리 드라이브하면서 엄마랑 데이트할까?"라는 말을 애타게 기다리고 있는지도 모른다. 자녀와의 시간 갖기에도 때가 있다. 이성 친구를 알게 되고 성인이 되면 엄마라는 존재는 '낙동강 오리알'이 된다. 일인가? 자녀인가?

둘째, 차일피일 미룬다

돈을 벌어 좀 더 여유가 생기면 그때는 자녀에게 관심도 더 쓰고 이야기도 많이 나눌 거라면서 현실을 미래에게 양보한다. 미루는 것도 습관이다. 뭐든 '이거다.'라는 생각이 전구 켜지듯 점등되면 바로 실천해야 한다. 이거 해 놓고 오후에 해야지, 내일부터 해야지, 다음 달부터 해야지, 하다 보면 시간은 눈 깜짝할 사이에 지나가게 된다.

자녀에게 약속해 놓고 지키지 않은 채 차일피일 미루는 사람들이 있다. 자녀에게 약속할 때는 자신이 지킬 수 있는 약속만 해야 하고, 약속을 했으면 반드시 지키는 신뢰감 있는 부모의 모습을 보여야 한다.

셋째, 시간에 대한 개념이 없다

날짜에 대해 지나치게 무심하고 시간 약속 또한 무시하는 게 일상이 되어 있다. 약속을 어기게 되는 건 누구에게나 일어날 수 있는 일이다. 하지만 시간을 맞추지 못했을 때 그것을 대하는 태도가 허술한 부모는 자녀를 실망하게 한다.

끝으로 자신이 했던 말을 번복한다

"내가 언제 그런 말 했어? 난 그런 말 한 적이 없는데……. 엄마를 뭘로 보고 그래?"

자신의 상황에 따라 그때그때 말을 바꾸는 부모들이 있다. 무의식중에 말을 하다 보면 자신이 했던 말을 잊고 있을 수도 있다. 그럴 때는 실수를 깔끔하게 인정하는 자세가 필요하다. 자녀를 상하관계로 생각하면서 자신이 했던 말을 편의에 따라 바꾸는 일이 잦다면 자녀가 과연 그런 부모를 신뢰할 수 있을까?

'엄마는 내가 했던 말을 무시해.', '분명 그렇게 해 주기로 해

놓고는.', '귀찮으니까 모른 체하고.', '다른 말로 살며시 바꾸고.', '나는 엄마한테 이것밖에 안 되는 존재인가 봐.' 같은 생각을 자녀에게 심어 줘서는 절대로 안 된다. 그래서는 부모를 믿지 못하게 될 뿐만 아니라 자존감이 낮고 소극적인 아이가 되기에 십상이다.

'이것까지만 해 놓고 아이와 같이 시간을 보내야지.', '다음 달부터는 시간을 좀 더 할애해 봐야지.' 하면서 현실과 타협만 하고 있어서는 곤란하다. 그런 시간 속에 자녀의 차가운 마음은 저만치 더 멀어지게 되고, 복구하는 데 많은 시간이 걸리거나 회복이 굉장히 어려워질 수도 있다.

마음만 있다면 얼마든지 자신의 상황은 바꿀 수 있다. 자녀와의 관계를 소원하게 만드는 건 '자녀 챙김'이 자신의 일보다 우선순위에서 밀려났기 때문이다. 자녀를 보듬어 주고 이야기를 들어 주는 것에는 시기가 있다. 소 잃고 외양간 고치는 경우만큼은 만들지 말아야 한다.

제2장

상처를 이기는 엄마가
자녀의 자존감을 키운다

작은 소리에도 흠칫했다

"시현이 엄마, 시현이가 아파트 주변에서 자전거를 어찌 타고 다니는지 알아요?"

"우리 애가 어떻게 타던가요?"

"계단 위에서 미끄러지듯이 타고 내려가요. 내리막길에서는 보고 있는 사람들이 놀랄 정도로 너무 세게 달리더라구요."

"그래요? 몰랐네요. 얘기해 줘서 너무 감사해요. 주의 줄게요."

"일하는 엄마라고 아이를 너무 밖으로 돌게 하는 게 아니냐고, 어두운 시간까지 밖에서 자전거 타는 아이는 시현이밖에 없다고 다들 입방아 찧던데. 다 같이 애 키우는 입장이라 안타까워 전하는 말이니 섭섭해하지 말아요."

큰아이와 같은 학년인 친구의 엄마로부터 걸려 온 전화를 받고 한참을 울었다. 자전거를 위험하게 타는 행위에 대해 조언해 준 것은 너무도 고마운 일이었다. 하지만 해 질 무렵까지 밖에서 노는 것에 대해 내 아이를 누군가 그런 시선으로 본다는 것 자체가 받아들이기 힘든 부분이었다.

"시현이 엄마, 잠깐 얘기 좀 해요."

"영희(초1, 여, 가명) 엄마, 지금 수업 중이라 좀 곤란한데 무슨 일이세요?"

"그건 시현이 엄마 사정이고. 난 지금 얘기해야겠어요."

현관 앞에서 다급하게 벨을 누르고 격앙된 어조로 말하는 영희 엄마의 목소리가 심상치 않아 지도하는 아이들은 잠시 자습 시키고 대문을 열어 주었다.

"우리 영희 얼굴 좀 봐요. 여자 얼굴에 혹이 나게 해서야 되겠어요? 자식 교육 좀 똑바로 시키세요!"

"우리 시현이가 그랬나요? 정말 죄송해요. 집에 오면 혼낼게요. 이쁜 영희 얼굴 이렇게 만들어서 면목이 없네요. 영희야, 많이 아팠지? 미안하다, 아줌마가 대신 사과할게."

"놀이터에서 지(시현)가 먼저 미끄럼틀 탈 거라고 우리 영희를 뒤에서 밀었다잖아요."

"정말 죄송합니다. 다음엔 이런 일이 없도록 주의시키겠습니다."

집에 돌아온 시현이를 불러 조곤조곤 물었다. 싸움의 발단은 영희가 먼저 시작했다고 한다. 영희가 시현이의 팔을 잡아당기고 꼬집고 밀었다면서 팔의 멍 자국을 보여주었다. 시현이 입장에선 정당방위였던 셈이지만 어찌 됐든 상대의 얼굴(이마)에 혹이 생겼으니 책임이 있는 것이다.

"시현아, 상대가 먼저 폭력을 쓰더라도 똑같이 때리면 안 되는 거야. 더 큰 싸움이 벌어질 수 있고, 네가 크게 다칠 수도 있지. 엄마는 우리 아들이 다치는 걸 원하지 않아. 걸어오는 싸움에 맞대응하지 않는다고 지는 게 아냐. 끓어오르는 화를 참을 줄 아는 사람이 진정으로 이기는 거란다. 내일 학교 가면 영희한테 미안하다고 사과하렴. 먼저 손을 내미는 사람이 멋쟁이인 거야."

초등학교 1학년이었던 시현이에겐 이해되지 않는 말이었으리라.

'아이가 별나게 논다.' 큰아이를 키우면서 참으로 많이 들었던 말이다. 정말 부끄러운 이야기이지만 시현이에게 양해를 구하고 잊을 수 없는 에피소드를 풀어볼까 한다.

시현이가 초등 1학년 여름쯤이던 때로 기억한다. 그날 학습방 수업을 마친 후 청소기를 돌리고 있는데 6층에 사는 언니가 잔뜩 화가 난 표정으로 우리 집 초인종을 눌렀다.

"시현이 엄마, 내가 참 기가 찬다. 외출하고 집에 와서 청소하려고 베란다 창문을 열어 보니 창틀에 대변이 떨어져 있지 뭐야. 분명 위층에서 애들이 떨어뜨린 건데 혹시 시현이가 그랬을까?"

"우리 시현인 지금 없는데요. 설마 우리 애가 그랬을라고? 내가 계속 집에 있었는데."

"그래? 알았어. 그럼 위층에 올라가 봐야겠다."

우리 집은 9층이었기에 충분히 6층 언니가 오해를 할 수도 있었겠다 싶어서 대수롭지 않게 생각하고 그 일은 지나가는 줄 알았다. 시현이 밑으로 네 살 된 딸아이가 있었고, 더는 쓰지 않게 된 좌변기를 버리지 않은 채 생활용 의자로 사용하고 있던 터였다. 청소기를 돌리다가 우연히 그 좌변기 의자가 시야에 들어왔다. 혹시나 해서 태권도장에서 돌아온 아들을 붙잡고 얘기를 해 보았다.

"시현아, 엄마가 너를 혼내려고 그러는 건 절대로 아니야. 엄마는 진실을 알고 싶어서 묻는 거야. 그러니까 우리 시현이도 엄마에게 솔직히 말해주었으면 해."

그러자 시현이는 알았다는 표정을 보였다.

"혹시 오늘 학교 다녀와서 대변 봤니?"

이 물음에 아들은 고개를 끄덕였다.

"그럼 대변을 미경이(시현이 동생) 좌변기 의자에 봤니?"

역시 같은 반응을 보였다.

"혹시 그 변을 베란다 창문으로 버렸니?"

제발 그 말에는 NO라고 대답해 주길 바랐다. 아들은 기어들어 가는 목소리로 "네."라고 대답했다. 그 순간 나는 숨을 고를 시간이 필요했다. 바로 말을 하면 입에서 고운 말이 안 나올 것 같았다. 마음속으로 심호흡을 세 번 한 후 시현이에게 조용한 어조로 다시 물었다.

"동생이 태어난 후로 그곳에 용변을 보지 않던 네가 왜 그랬을까? 그리고 그 변을 화장실 변기에 버리지 않고 왜 밖으로 버렸는지 엄마한테 얘기해 줄래?"

"9층에서 떨어뜨리면 1층으로 제대로 떨어져 내리는지 궁금했어요. 그런데 1층까지 안 가고 중간에 걸렸어요."

아들이 진실을 말해 줘서 한편으론 고마우면서도 이 상황을 어떻게 수습해야 할지 머릿속이 새하얘져서 아무 생각도 할 수가 없었다.

"아들아, 다음부턴 이런 똑같은 잘못을 하면 안 된다는 거 알지? 너의 궁금증이 만들어 낸 행동이었으니 한 번은 엄마가 용서하는데 또 이런 일이 생기면 그땐 엄마한테 많이 혼나게 될 거야."라고 타이르는 수준에서 훈육했다.

그날 일에 대해선 13년이 지난 지금까지 6층 언니에게 사과하지 못했다. 주변에 소문이 나는 게 너무 두려웠기 때문이다. 상식적으로 납득할 수 없는 일이라서 차마 용기를 내지 못했다. 이 지면을 빌어 진심으로 미안했다는 말을 전하고 싶다.

이웃 사람들이 "시현이가 참 별나."라는 말을 할 때면 애써 억지웃음을 짓곤 했다. 겉으로 보이는 모습이 전부가 아니라고 생각했기 때문이다. 어느 순간엔 그 말이 굳은살처럼 박여서 그러려니 하고 넘어가게 되는 경지가 되었다. 사람들의 말 한마디 한마디가 상처였던 것을 내 방식대로 이해해야 했다. 부정적인 관점에서 긍정적인 관점으로 재해석하려 부단히 노력했다.

자녀가 다른 집 아이들과 다르게 별스럽게 논다는 것이 아이 입장에선 나쁘지 않은 현상이라고 말하고 싶다. 평범함을 거부한다는 것이고 새로운 것에 대한 탐구심이 많다는 것이다. '별나게 노는 아이들이 창의성이 뛰어나다.'고 말하는 학자도 적지 않다. 단정할 수는 없지만 그런 말에 위안을 삼아 본다.

'키울 때 순하고 부모 말에 100% 순종하며 자라는 아이들이 커서는 부모 애 먹인다.'는 옛말도 있다. 자신의 주관대로 생각하거나 행동하지 못하는 아이들은 '질풍노도의 시기'에 이르러 뒤늦게 정체성을 찾느라 어려움을 겪게 되고 경우에 따라서는 부모와 등지는 불행을 일으키기도 한다.

잘 노는 아이들이 잘 큰다고 한다. 완구기업 손오공의 김종완 대표는 이렇게 말한다. '어린 시절 반복되고 통제된 환경보다 제한받지 않는 곳에서 뛰어노는 시간을 갖는 것이 다양한 정서를 함양하고 새로운 것을 학습하는 데 더 좋은 기회가 될 수 있다.'—(『아시아경제』 세계를 보는 창 경제를 보는 눈)

이러한 나의 양육철학으로 인해 나는 큰아이의 성향을 불안해하지 않았다. 다른 엄마들의 이야깃거리 재료가 되면 될수록 '우리 아이는 건강하게 잘 크고 있다.'고 믿으며 외부의 소리를 걸러 들으려 애썼다.

나름 친하다고 생각한 또래 아이들 엄마들은 나름 '진심으로 위로하고 걱정하는 마음에 전해주는 말'이라며 에둘러 내게 말을 건넸다. 하지만 때론 '그 말을 차라리 하지 말지……. 듣지 말걸.' 하는 생각이 들 때가 더 많았던 것 같다.

그런 일이 있을 때마다 나는 큰아이를 더 단속하기도 했다. 아이 앞에서는 아무렇지도 않은 듯 애써 웃음을 지었고 "아들아, 사람들은 우리 아들이 노는 것에 대해 걱정을 많이 하네. 혹시나 다칠까 봐. 자전거 탈 때나 친구들이랑 놀 때 너무 위험하게 놀지 않으면 좋겠다." 같은 말을 꼭 남겼다.

상처 난 마음에 새살이 돋게 하기 위해 가급적 그들의 말을 걸러 들으려 했다. 그것이 현명한 방법이었음을 우리 아이 둘이 초등학교 과정을 다 지나고 나서야 깨닫게 되었다.

상처가 났던 자리에 계속해서 같은 상처를 만들 것인가? 각자의 몫이다.

때론 엄마도 위로받고 싶다

　프랜차이즈 학습방을 운영할 때 자식 교육에 유난히 열성적인 어머니가 있었다. 초등학교 4학년인 아들(남진, 가명)과 3학년인 딸(혜진, 가명)이 함께 학습방에 다녔다. 다른 지점의 상담 교사가 연계되어 있었기 때문에 더 각별히 신경을 썼던 회원이기도 했다. 두 아이가 다닌 지 1년 정도 되던 무렵이었다.

　"선생님, 이거 너무한 거 아니에요?"

　"네? 어머니, 무슨 일 있으신가요?"

　"우연히 남진이 책상 서랍을 정리하다 보니 풀다 남은 부교재(서술형 연산교재)가 몇 권 나오던데, 학습방에서 확인 안 하시나요?"

　"죄송합니다. 아이들마다 숙제 나가는 내용이 달라서 제때 교재를 가지고 오지 않으면 제가 놓칠 수 있습니다. 미리 확인하지 못해서 송구합니다. 부교재를 보내주시면 바로 활용하겠습니다."

그 통화 이후 며칠이 지나도 남진이는 부교재를 챙겨 오지 않았다. 어머니께 문자를 보냈더니 '알겠습니다.'라는 답변만 할 뿐이었다. 그리고 나서도 몇 주가 흘렀다. 다시 전화를 걸어 온 남진이 어머니의 전화 음성은 흥분되어 있었다.

"선생님, 부교재가 그대로 있네요. 제 말이 우스워요?"

"어머니, 남진이가 계속 까먹고 부교재를 챙겨 오지 않아서 제가 못한 겁니다."

"제가 분명히 남진이한테 전달했습니다. 덜 푼 부교재는 학습방 가서 다 풀고 확인받아 오라고!"

"서술형 문제가 많은 부교재라서 남진이가 풀기 싫었나 봅니다. 그래서 들고 오지 않았을 수 있습니다. 지금이라도 보내주시면 제가 마무리하겠습니다."

"아니, 선생님, 우리 애를 무시하는 거예요? 애가 하기 싫어하면 달래고 때려서라도 하게끔 해야 하는 게 선생님 역할 아닌가요? 선생님의 무능력을 이런 식으로 돌리면 안 되죠."

서술형 문제의 범위가 넓어지고 난이도가 올라감에 따라 많은 아이가 서술형 문제에 대한 접근을 꺼린다. 남진이도 그랬다. 지극히 평범한 아이들의 성향이라는 걸 어머니께 말씀드리려 한 것이었는데 그 통화 후로 그분과 나의 갈등은 더 깊어지게 되었다.

그 과정에서 난 모욕적인 말도 들어야 했다. 오해를 풀기 위해 어떤 액션을 취하면 취할수록 늪으로 더 빠져들어 가는 기분이었다. 이대로는 안 되겠다는 생각에 그만둘 때 그만두더라도 오해는 풀고 화해하자는 생각에 남진이의 집을 방문했다.

초인종을 누른 후 한참을 기다렸다. 하지만 남진이 어머니는 현관문의 폰을 통해 "선생님이랑 할 말 없어요. 전 이제부터 회사랑 상대하겠으니 그리 아세요. 선생님 때문에 교회에 가도 기도가 잘 안 돼요. 돌아가요." 하고는 문을 열어 주지 않았다. 겨울이다 보니 계단을 통해 올라오는 바람이 유독 차게 느껴지는 날이었다.

30여 분의 시간이 지나자 남진이가 학원에서 돌아왔다. 제자 앞에서 초라한 모습을 보이는 게 정말 부끄러웠다. '내가 이렇게까지 할 정도로 잘못했단 말인가?'라는 생각이 잠시 들었지만 '이 일을 빨리 해결해야 한다.'는 일념이 강했기에 다시 감정을 추스르고 남진이를 따라 집안으로 들어갔다. 사전 각본에 없었던 행동으로 난 현관 입구에서 남진이 어머니에게 무릎을 꿇었다.

"어머니, 죄송합니다. 어머니의 심중을 미리 헤아리지 못한 점 깊이 반성합니다. 남진이와 혜진이를 잘 지도할 수 있도록 한 번만 더 기회를 주셨으면 합니다."

"선생님은 지금 쓸데없는 행동을 하고 계시네요. 돌아가세요. 회사랑 얘기할 테니!"

한참을 그렇게 있다가 해결하지 못한 채 집으로 돌아오게 되었다. 결국 남진이 어머니는 학습방의 본사 홈페이지에 고객 불만사항을 접수했다. 본사에서는 내게 경위서 제출을 요구했고, 나는 세세하게 내용을 적어 제출했다. 어떤 이유로 고객이 화났고 갈등을 해결하기 위해 어떤 행동을 취했는지에 대해 아주 구체적으로 기술했다.

경위서를 제출한 다음 날 본사 상무님은 남진이 어머니와 통화를 했다고 한다. 통화 내용은 참으로 황당했다. 상무님 입장에서도 고객의 불만사항이 상식을 초과한다는 생각이 들었나 보다. 남진이 어머니는 회사를 상대로 '정신적인 피해 보상'을 요구했다고 한다.

"남진이 아버님도 이러한 사실을 알고 계시나요? 아버님이랑 통화를 좀 해야겠습니다."

상무님의 말 한마디에 남진이 어머니는 모든 상황을 없던 일로 하고 남편에겐 전화하지 말아 달라는 부탁의 말을 했다고 한다. 결국 상무님의 통화로 모든 갈등은 종료가 되었다.

내 힘으로 해결하지 못하고 회사의 도움으로 마무리되었다는 것이 부끄럽고 죄송했다. 세상을 살다 보면 상식적인 선에서 해결이 되지 않을 때가 있다는 걸 알게 되었다. 경험이 그래서 중요하다. 다양한 지혜를 얻을 수 있기 때문이다.

회사로부터 급여 감액이나 활동 정지 같은 불이익은 따로 내려오지 않았다. 그날 이후 난 더 열심히 일했다. 아픈 경험은 나를 몇 배 더 성장시키는 기회가 되어서 마침내 '지점장'까지 오를 수 있었다.

17년 전의 사건이라 기억이 흐릴 법도 한데 여전히 생생하게 떠오르는 그때의 일이다. 당시 내 아이들은 다섯 살, 한 살이었다. 누구보다도 가족의 위로를 받고 싶었다. 하지만 아이들은 너무 어렸고, 남편에게는 상세히 말할 수 없었다. 미안함 때문이었으리라. 다친 나의 감정이 남편에게 전이되는 게 싫었다.

이제는 말할 수 있다. 그때 사실은 위로가 필요했다고. 다른 사람이 아닌 가족의 위로가. 잘 이겨낸 시련은 내 삶의 자양분이 되었다. 정미야, 잘 해냈다.

촉진자가 되기 위한
엄마의 반성문 & 칭찬문

"또 그랬어? 엄마가 그러지 말랬지. 시현이 너 정말 왜 그래? 엄마가 너 때문에 이렇게 속상해야 하니?"

초보 엄마 시절, 자식들에게 이런 말을 참 많이 한 것 같다. 큰아이가 저지른 실수와 행동을 너그러이 봐주지 못하고, 엄마라는 이유로 난 철저히 수직관계에 서서 아이를 다그쳤으며 체벌도 했다. 그런 징벌이 있었다고 해서 아이가 똑같은 일을 다시 저지르지 않는 건 아니었다. 그런데도 난 스스로 만든 '엄마 지침서'로 아이를 평가하려 했고, 아이가 그 틀에서 벗어날 때마다 '호랑이 엄마'가 되었다.

누구를 위한 가르침이었던가? 자식 교육의 열정에 대한 나의 오만한 생각이 내 아이들을 힘들게 했을 뿐 아니라 내게도 엄청난 올가미가 되었다는 것을 그때는 몰랐다. 큰아이가 초등학교를 졸업할 무렵에야 나는 비로소 정신을 차릴 수 있었다. 아이들의 인생에 엄마라는 사람의 역할이 무엇인지에 대해 진심으로 고민하게 되었다.

교육 훈련 프로그램의 실행 과정에서 중재 및 조정 역할을 담당해 교육 참여자가 스스로 답을 찾도록 과정을 설계하고 진행을 돕는 사람을 촉진자(facilitator)라고 한다. 자식을 키우는 부모는 이런 촉진자의 역할에 충실해야 한다. 하나부터 열까지 다 해 주기보다는 아이 스스로 할 수 있도록 기회를 주고 기다려 줄 수 있는 부모여야 한다.

그런데 나는 어떠했는가? 내가 원하는 대로 아이가 빨리 따라오지 않으면 화내고 역정 내기를 수시로 하지 않았던가? 당시엔 열심히 잘하고 있는 엄마라고 생각했는데 지나고 보니 부끄럽기만 하다. 아이가 커 가는 과정에 더 집중하지 못해 미안하다.

〈엄마 반성문: 과거의 내 아이들에게 용서를 구합니다〉
- 화를 참지 못하고 자식에게 자주 화냈던 나를 반성합니다.

- 어떤 이유든 체벌은 정당화될 수 없습니다. 체벌했음을 반성합니다.

- 별나게 자전거 탄다며 못하게 막은 적이 있습니다. 아이가 하고자 하는 욕구를 인정하지 않았음을 반성합니다.

- 친구 관계에 지나친 간섭을 많이 했습니다. 저 친구는 멀리해라. 위험한 친구랑은 놀지 마라. 아이가 원하지 않는 친구 관리를 했음을 반성합니다.

- 아이 친구들의 외형을 보고 평가할 때가 많았습니다. 반성합니다.

- 아이들이 주방에 들어가서 뭘 하려고 하면 지나치게 견제했습니다. 사고날까 봐, 어지럽힐까 봐 불안했기 때문입니다. 아이들의 창의성을 잠재우는 행동이었음을 반성합니다.

- 아이가 친구 집에 놀러 가려 하면 못 가게 할 때가 많았습니다. 친구 집에 불편함을 주는 게 싫었기 때문입니다. 배려 의식을 넘는 지나친 통제였음을 반성합니다.

- 바쁘다는 핑계로 아이들과 여행하는 시간을 많이 갖지 못했음을 반성합니다.

- 엄마표 맛있는 간식을 자주 만들어 주지 못했음을 반성

합니다.

- 시험 성적이 좋지 않을 때 화를 많이 냈습니다. 반성합니다.

- 책을 많이 읽지 않는다고 줄곧 잔소리를 했습니다. 반성합니다.

- 휴대폰 사용이 과하다며 볼멘소리를 많이 했습니다. 반성합니다.

- PC방에 가는 아이를 꾸짖을 때가 많았습니다. 아이들의 문화를 인정하지 않았음을 반성합니다.

〈엄마 칭찬문: 과거의 나에게 칭찬해 주고 싶습니다〉

- 가족들의 아침을 꼭 챙겨 주었습니다. 칭찬합니다.

- 아이들이 소풍 가는 날에는 김밥을 손수 싸 주었습니다. 칭찬합니다. 지금도 딸은 '세상에서 엄마표 김밥이 제일 맛있다.'고 얘기합니다.

- 맛난 음식을 하면 아이의 친구들과 나눠 먹게 했습니다. 칭찬합니다.

- 큰아이 유치원을 보내고 싶은 곳에 다니게 하기 위해 밤새워 줄을 서서 등록했습니다. 칭찬합니다.

- 큰아이가 중·고등학교에 다닐 때 교복 다림질을 꼭 해 줬습니다. 칭찬합니다.
- 큰아이가 중·고등학생이 되었을 때는 양육 태도가 많이 유연해졌습니다. 칭찬합니다.
- 가족들의 생일상은 잊지 않고 챙겨 주었습니다. 칭찬합니다.
- 남편이 출근할 때면 잘 다녀오라고 꼭 허그를 해 주었고 지금도 실천하고 있습니다. 칭찬합니다.
- 큰아이가 고등학교 기능선수로 활동할 때 열심히 뒷바라지했습니다. 주변의 모든 분 덕분에 좋은 결과를 낼 수 있었습니다. 칭찬합니다.
- 아이 친구들이 집에 오면 잘 대접해서 보냈습니다. 칭찬합니다.
- 시어른들께도 며느리로서 최소한의 도리를 다 지켜 냈습니다. 칭찬합니다.
- 시동생이 힘들 때 조카들 양육을 3년간 해 주었습니다. 칭찬합니다.
- 늘 배움을 추구하는 엄마의 모습을 보여 주었습니다. 칭찬합니다.

진정한 촉진자란 아이가 원할 때 즉각적으로 답변을 주는 엄마가 아니다. 그 답을 아이가 스스로 찾을 수 있도록 환경을 만들어 주고, 답을 찾을 때까지 기다려야 한다. 어렵고 까다로운 문제를 접하면 대다수의 아이는 고민해서 풀어보려고 하기보다는 다음 문제로 건너뛴다. 혼자 힘으로 문제를 연구하고 풀었을 때의 성취감을 느껴 보지 못했기 때문이다.

아이가 해결해 가는 과정을 지켜보고 스스로 해결했을 때 인내와 끈기를 칭찬해 주면 아이는 새로운 것에 대해 호기심과 도전의식을 갖게 된다. 아이가 시작한 일은 최대한 스스로 하도록 동기를 부여해 주는 '촉진자'가 되자.

주문을 외워 회복한 자존감

해 보고 싶고 배우고 싶었던 것도 많았던 시절, 20대 초반에 남편을 만나 6년의 교제 끝에 가정을 이루게 되었다. 엄마가 된 다는 사전 준비도 없이 '태어날 우리 아이에게는 최고의 엄마가 되리라.'는 순수한 꿈만을 품은 채 난 두 아이의 엄마가 되었다. 그랬으니 좌충우돌의 시간이 많을 수밖에 없었다.

여리디여린 한 여자에게 '엄마'라는 임무는 너무 무거웠다. 엄마는 무조건 강해야 한다고 생각했다. 엄마는 뭐든지 다 알아야 한다고 생각했다. 엄마는 무서워해서도 안 되고, '이거 다음엔 저거'라는 식으로 척척 해내는 박사여야 한다고 생각했다. 남에게 상처받을 일이 있어도 의기소침해서는 안 된다고 생각했다. 왜냐하면 엄마의 어두운 그늘이 아이에게 그대로 전해져 성장을 방해할 수 있다고 믿었기 때문이다.

내가 하고 싶은 것이 있어도 아이를 키우는 동안에는 욕심내서는 안 된다고 생각했다. 엄마가 되면 자신의 야망보다 아이를 키우는 데 더 주력하는 게 엄마의 도리라고 생각했다. '나도 이루고 싶은 꿈이 있는데……. 나도 내 이름 석 자로 잘살아보고 싶은데…….' 세상을 향한 바람은 늘 나를 목마르게 했다.

어쩌다가 감성적인 드라마를 보면 울컥하기도 했다. 주인공이 내 마음을 대변한다는 생각이 들면 감정이입은 자동이었다. 영화나 책에서도 수시로 그런 기분을 느꼈다. 그러던 어느 날 마음을 훅 스치고 지나가는 생각이 있었다.

'정미야, 괜찮아. 지금 넌 충분히 잘하고 있어. 오늘 너의 선택이 나중에 꼭 빛을 발할 거야. 마음속의 이루고픈 꿈도 절대로 내려놓지 말고 잘 숙성시키면 묵은 된장처럼 제대로 된 맛을 낼 때가 있을 거야, 힘내자.'

난 나에게 보내는 잦은 위로의 주문을 통해 자존감을 조금씩 회복할 수 있었고, 지금 이렇게 책을 쓰고 있다.

내가 나를 위로하기 위해서는 자극이 필요하다. 난 그 자극을 틈틈이 읽는 책을 통해 받을 수 있었다. 마음을 진하게 울리는 글은 필사를 하며 내 것으로 소화하려는 노력을 아끼지 않았다. 나에게 보내는 주문은 머리를 통해 전달되고, 여과하는 과정을 거친 후 가슴으로 전달된다. 전달된 메시지는 발효의 기간을 거쳐 자존감으로 스며든다. 이런 과정을 반복하면 '나는 정말 괜찮은 사람이야.'라는 생각이 나를 지배하게 된다.

"아니, 정미 선생님은 도대체 그 열정이 어디서 나와? 잠시도 가만히 있지 않아. 내가 아는 사람들 중 제일 별난 사람이야."

나와 친분이 있는 지인은 칭찬을 아끼지 않는다. 현재에 만족하지 않고 끊임없이 변화를 지향하는 나는 아무래도 열정을 타고났지 싶다. 호수 위에 우아한 자태를 뽐내는 백조는 가라앉지 않기 위해 호수 아래에서는 쉴 새 없이 발헤엄을 치고 있다는 사실을 보통 사람들은 잘 모른다. 그냥 되는 건 아무것도 없다는 것을 알기에 순간순간 최선을 다할 뿐이다.

미국의 TV쇼 진행자이자 성공한 여성인 오프라 윈프리의 유명한 한마디를 나는 내 카톡 프로필 메시지로 쓰고 있다. '나는 내가 위대해질 운명을 타고났다는 것을 항상 알고 있었다.'

내 삶을 지탱해 주고 앞으로도 많은 시간을 함께하게 될 나의 자존감! 고맙다, 자존감아!

모성애가 끌어올린 자존감

　KBS 2TV에서 2019년 9월 18일부터 같은 해 11월 21일까지 방영된 미니시리즈 〈동백꽃 필 무렵〉은 시청률 23.8%를 기록하며 종영되었다. 촬영지의 일부인 카멜리아가 내가 사는 지역인 포항의 구룡포에 있고, 배우들도 실력파여서 놓치지 않고 시청한 드라마였다. 남편도 이 드라마가 방영되는 날이면 모임이 있더라도 일찍 끝내고 귀가하는 열성을 보였다.

　일곱 살 때 엄마에게 버림받고 보육원에 보내졌던 동백이는 사랑하는 사람(유명 야구선수)을 만나 아이를 가졌지만 헤어져 미혼모의 삶을 살아간다. 주류업을 하면서도 드세지 않고, 부드러우면서도 원칙이 있는 그녀는 자신의 삶에 대해 독립적이며 당당했다.

　동백은 남에게 보이기 위한 행복이 아니라 자신의 기준점을 두고 소소한 행복을 찾아가며 느낄 줄 아는 여성이다. 세상의 멸시, 부당함과 불친절함 속에 살아왔으면서도 한없이 다정한 품성을 지녔다. 제대로 대접받아 본 적 없어도 남을 대접할 줄 아는 여자, 제대로 사랑받아 본 적 없어도 사랑을 베풀 줄 아는 여자.

　"동백 씨는 이 동네에서 젤로 세구요, 젤로 강하고, 젤로 훌륭하고, 젤로 장해요."

　"아구, 진짜 왜 그래요, 나한테. 나한테 그런 말 해 주지 마요. 그냥 죽어라 참고 있는데……. 칭찬도 해 주지 마요. 왜 자꾸 이쁘다 해요. 나는 그런 말들 다 너무 처음이라 마음이 울렁울렁…… 이 악물고 사는 사람 왜 울리고 그래요."

　용식이와 동백이가 연기한 장면의 명대사 일부이다. 음식도 먹어 본 사람이 그 맛을 알고, 사랑도 겪어 본 사람이 잘 표현하거나 느낄 줄 안다고 했다. 하지만 동백이는 어린 시절부터 너무 많은 것들을 잃었음에도 자신의 삶을 야무지고 당차게 살아내고 있었다. 동백이를 그렇게 지탱하게 해 주는 저력은 무엇이었을까?

동백이는 '모성애'가 강한 여성이다. 그녀를 힘한 세상 속에서 우뚝 서서 걸어갈 수 있도록 도와주는 원동력은 아들 필구에 대한 사랑, 바로 그것이었다. 세상과의 적절한 거리를 통해 마음을 열지 않으려 했던 그녀에게 용식이라는 순수한 열정의 남자가 접근한다. 마침내 두 사람은 '달고나 같은 사랑'에 빠져든다.

하지만 그녀는 아들 필구로 인해 그 사랑을 과감히 양보하는 결단을 보인다. 엄마 옆에 친아빠가 아닌 다른 남자가 생기는 것을 아들 필구가 불안해했기 때문이다. 용식이를 향하는 사랑의 마음도 간절했지만 자식과의 사랑에서 충돌이 오자 '모성애'를 선택한 것이다. 자신이 버림을 받아 봤기 때문에 버려지게 될 필구의 마음이 어떨지를 누구보다도 잘 알고 있었던 것 같다.

동백이는 자신의 상처를 자신만의 방법으로 치유했고, 또 그것을 대물림하지 않으려는 강단을 보인다. 이는 동백의 내면에 잠재되어 있는 '야무진 자존감' 때문이었다. 자신의 의지를 믿었고 내면의 힘을 믿었다. '나는 필구의 엄마로서 잘 키워 낼 수 있다.', '혼자서도 잘할 수 있다.', '남에게 굽신거리지 않는 당당한 아이로 잘 키워 낼 거다.'라는 확신이 동백이의 자존감으로 무장되어 있었고, 그런 마음은 고스란히 아들 필구에게 전해지는 것이다.

'제자는 스승의 그림자를 보고 자라고, 자녀는 부모의 뒷모습을 보고 자란다.'고 한다. 대다수의 부모는 자녀가 자신의 좋은 모습만 본받기를, 자기의 좋은 유전자만 닮기를 바란다.

그렇게 되기를 바란다면 부모부터 그렇게 생각하고 그렇게 행동해야 한다. 도라지를 심어 놓고 인삼을 수확할 수 있기를 바란다면 과욕이다. 능동적인 마음으로 자신의 삶을 사랑하고, 행복하고 당당한 자세로 세상을 맞이하는 자존감은 내 아이를 행복한 아이로 자라게 한다.

내공 있는 엄마란?

토요일 이른 아침, 학습방에 아이를 맡기고 있는 학부모로부터 전화가 왔다.

"선생님, 우리 지원(초2, 여, 가명)이 보충수업이 몇 시경에 끝나죠?"

기말고사가 있는 기간에 나의 주말은 학습방 아이들의 보충수업으로 채워진다.

"네, 어머니. 지원이 하기에 따라 다른데요, 시간이 조금 많이 걸릴 수도 있습니다."

"아, 그래요? 다행이네요. 실은 제가 주말에 뭘 배우는 게 있어서요. 지원이 끝나는 시간에 수업이 안 끝날 수도 있는데, 그때까지 우리 지원이 좀 봐주시면 안 될까요?"

"그럴게요, 걱정하지 마시고 편안히 다녀오세요."

회사원인 지원이 엄마는 배움에 대한 열정이 남달랐던 분으로 기억한다. 자기계발에 열심이면서 아이를 챙기는 데도 소홀함이 없었다. 이런 엄마들한테는 더 잘해 주고 싶은 마음이 있었다. 삶을 대하는 '정열의 온도'가 같았기 때문이었으리라.

아이들과 남편 뒷바라지에 혼신의 힘을 다하는 엄마, 사회적인 활동을 통해 자신의 능력을 마음껏 발휘하고 계발할 줄 아는 엄마는 삶의 나이를 채워 가도 허망함이 느껴지지 않고, 하루하루가 늘 설레고 즐거울 수 있는 삶을 산다. 내가 하는 모든 일상이 감사함으로 충만해질 수 있는 삶! 내공 있는 엄마의 삶은 이러한 것이 아닐까?

엄마라는 이유만으로 일방적으로 자신의 삶을 희생하고 헌신해서는 안 된다. 그렇다고 해서 자녀들을 대충 키우라는 말이 아니다. 엄마의 자리에서, 아내의 자리에서 살피고 챙겨야 하는 부분은 마땅히 하되 자신만의 생활과 즐거움을 느낄 수 있는 삶의 공간은 내적, 외적으로도 채워 가야 한다.

"내가 너를 어떻게 키웠는데 네가 감히 나에게 이럴 수 있어?"

"내가 우리 가족을 위해서 어떻게 했는데 당신이 나에게 그런 말을 할 수 있어?"

"20년 동안 가족만을 바라보며 헌신한 대가가 고작 이거야?"

가정에만 전적으로 올인하는 사람들이 갖게 되는 일반적인 생각이다. 학습방 학부모들과 오랜 시간을 함께하다 보면 사적인 대화도 오가게 된다. 나보다 나이가 많거나 적을지라도 내가 그들에게 해 줄 수 있는 최고의 말은 "어머니도 하고 싶은 거 하시면서 사세요."였다.

어느 한쪽이 피해를 본다는 생각을 하면 위험하다. 가정은 서로의 능력을 키워 주고 응원해 주는 격려와 지지가 있는 집단이어야 한다. 그래야만 서로에게 집착하는 마음이 생기지 않고, 서로에게 보상을 받으려는 심리가 생기지 않는다.

각자 다른 성향의 유기체가 만나 '가정'이라는 울타리를 만들어 희로애락을 함께하는 집단이 만들어진다. 이 얼마나 귀한 운명의 만남이란 말인가? 이런 만남을 통해 각각의 유기체는 퇴화와 생성이라는 단계를 거치면서 성장해 간다. 건강한 가족 구성원의 모습이라고 할 수가 있다.

자신을 사랑할 줄 아는 엄마는 자기 안의 소리를 존중한다. 그런 엄마는 짬짬이 시간을 활용해 자기 투자를 할 줄 알고, 자녀 양육에서도 지혜로운 통찰을 보인다. 삶을 대하는 자세가 유연하기 때문이다.

그런 엄마들이 가장 경계하는 통신은 '카더라 통신'이다. 남들이 '좋다'는 얘기를 따라 자식 교육의 포인트를 옮기는 풍조 따위에는 미동도 하지 않는다. 그들은 자녀와의 소통을 원칙으로 하고 교육 계획도 자녀와의 타협과 협의로 한다. 자신의 생활에 충실하면서 아이들에게 얽매이지 않고 가끔 조언을 던져 주는 방식을 취하기에 엄마와 자녀들 사이가 위계관계가 아니라 자연스레 신뢰 관계로 흐른다.

나는 그런 가정을 많이 봐 왔다. 아이에게 모자란 것과 넘치는 것이 무엇인지를 균형 잡아 주는 것! 내공 있는 엄마가 하는 역할이다. 이 균형이 흐트러지는 순간 엄마와 아이의 관계는 깨지게 되지만 내공 있는 엄마에겐 그런 일이 생기지 않는다.

《엄마 내공》의 오소희 저자는 '엄마로서의 최선은 자식을 덜 챙기고 눈썹을 그리는 것처럼 엄마 자신을 챙기는 것, 엄마 자신의 미래를 위해 투자하는 것, 엄마의 세계를 확보하여 자존감을 지키는 것'이라고 말한다. 결국 먼저 '엄마 인생'을 잘 살아야 내공이 생기고 아이에게 좋은 본보기가 되고 양육도 잘하게 된다.

아트스피치의 김미경 원장은 이렇게 말한다.

"가정에서 가장 중요한 두 가지가 있습니다. 첫째는 자식 농

사이구요, 둘째는 자기 자신이에요. 이 두 가지가 튼튼해야만 그 가정이 건강해요. 이 두 가지가 무너지면 회복이 힘들어요."

내공 있는 엄마는 '내 아이가 무엇이 되게 할 것인가?'가 아니고, 내 아이를 어떻게 키울 것인가?'에 대해 고민한다. 당신은 전자인가? 후자인가?

제3장

아이의 자존감
향상을 위한 양육 습관

자존감을 다치게 하는
소통 아닌 불통이 있다

자존감은 자신을 가치 있고 사랑받는 존재라고 믿는 신념이다. 즉 자신에 대해 긍정적인 태도를 가지는 것을 말한다. 부모나 교사가 무심코 실수할 수 있는 '자존감을 다치게 하는 불통' 사례들을 소개해 본다.

〈비난〉

학생: 선생님, 아침에 엄마한테 용돈 3,000원을 받았는데 다 써 버렸어요. 저녁에 엄마한테 혼날 것 같아요. 일주일 용돈인데.

교사: 정말? 어쩌다가? 학용품 샀니?

학생: 아뇨. 친구 두 명한테 1,000원씩 주고 나머지 1,000원은 분식집에서 떡볶이 사 먹었어요.

교사: 친구들에게 1,000원씩 주다니, 그게 무슨 말이니?

학생: 친구들이 1,000원만 달라고 해서 그냥 줬어요.

교사: 그러면 안 돼! 누가 달란다고 해서 그렇게 주면 못 써. 어려서부터 친구들 간에 돈거래 하는 건 아니야. 용돈은 아껴 써야 되는 거야.

아이의 자존감 향상을 위해 가장 피해야 하는 것은 '비난'이다. 비난은 아이의 행동과 말은 잘못된 것이고, 더 나아가 그 아이가 능력이 없다는 것을 의미하기 때문이다. 이러한 비난의 메시지는 아이의 행동과 말을 수용하지 못하는 것이라서 자존감 향상에 도움이 되지 않는다.

〈무시〉

엄마: 화진아, 메뉴 뭘로 할래?

화원: 엄마, 난 돈가스!

엄마: 넌 입 다물어. 말도 안 듣는 게.

화진: 김치볶음밥 먹을게.

식당에 갔을 때 옆 테이블에서 벌어진 광경이었다. 무시당하고 있다고 생각하는 화원이의 마음은 어땠을까? 무시는 아이에게 '네가 말하는 것은 중요하지 않다.' '너는 그럴 자격이 없다.'라는 메시지를 준다. 자존감은 자신의 능력에 대한 믿음이 있을 때 생기기 때문에 무시의 메시지는 피해야 한다.

〈명령〉

엄마: 엄마 없다고 게임 하면 휴대폰 압수한다. 숙제 다 했어?

아이: 네, 다 했어요.

엄마: 숙제 다 했으면 책 한 권 읽고 독서록 적어 놔. 엄마 들어가서 확인한다.

아이: 네, 알았어요.

학습방에 상담차 왔던 회원의 엄마가 아이와 나누는 대화 내용이다. 평소 이 엄마는 아이의 모든 스케줄을 관리했다. 1번 다음에 2번, 2번 다음엔 3번을 해야 한다는 식으로 아이의 일거수일투족을 명령했다. 명령이 주는 메시지는 '너의 문제를 다룰 권리가 너에게는 없다.', '모든 것은 내 통제에 따라야 한다.'

라는 의미다. 아이의 자존감 향상에 걸림돌이 된다.

〈회피하기〉

동생: 선생님, 형아 때문에 짜증나 죽겠어요. 형아는 집에서 나한테 다 시켜요. 형아가 쓴 물건을 나한테 정리하라 하고 치킨 먹을 때는 나보다 더 많이 먹어요.

형: 아니에요. 저도 같이해요. 치킨은 제가 먹는 속도가 빨라서 그래요.

교사: (동생을 보면서) 동생으로 태어난 대가다. 그러려니 해야지.

'회피하기'는 아이가 호소하는 어려움에 대해 눈을 감아 버리는 것이다. 이것은 '너에게는 불행을 견딜 수 있는 능력이 없다.'라는 메시지를 준다. 아이가 자신에게 처한 문제를 해결하고 싶어 한다면 아이에게 그 문제를 해결할 능력이 있고, 해결할 때까지 견딜 수 있는 능력도 있다는 믿음을 보여주어야 한다. 그래야 아이의 자존감이 향상된다.

〈이중 언어〉

엄마: 오늘 국어 단원평가 점수 몇 점 맞았어?

아이: 80점.

엄마: 5점짜리 4개 틀렸네. (한숨을 쉬면서 아이를 바라보지 않고)
잘했다.

이중 언어는 언어적 신호와 비언어적 신호의 의미가 서로 다른 경우를 말한다. 위의 경우 말로는 '잘했다.'고 하지만 표정으로는 부정적인 뜻을 보이고 있다. 아이는 엄마의 말에 믿음을 갖지 않고 불안해할 수 있으며 자존감 또한 낮아질 수 있다.

〈원하지 않는 도움 주기〉

엄마: 어제 산 필통은 어디 가고 지퍼가 고장 난 헌 필통이 가방에 있어?

달이: 희석이가 쉬는 시간에 내 필통이랑 자기 필통을 바꿔치기 했어. 달라고 해도 안 줘서 그냥 왔어.

다음 날 달이의 엄마는 학교로 찾아가 같은 반 희석이에게서 필통을 되찾아 주었다.

'원하지 않는 도움 주기'는 아이가 요구하지 않았는데 아이에게 도움이 필요하겠다고 생각해서 도움을 주는 것이다. 달이가 엄마에게 도움을 청하지 않았는데 달이 엄마가 학교에 찾아갔던 거라면 달이는 희석이에게 놀림감이 될 수 있다. 달이 엄마의 행동은 달이에게 '너는 스스로 문제를 해결할 수 없어.'라는 메시지를 준다.

어려움을 해결해 주어서 달이는 부모에게 감사함을 느낄 수 있을지 모르지만, 달이가 자신의 능력을 확인하고 성취 경험을 느낄 기회를 박탈한 것이므로 자존감이 낮아질 수 있다.

엄마가 달이를 위해 직접 해결해 주기보다는 자신의 물건을 챙기기 위해서 어떻게 해야 하는지 먼저 주지시키는 게 순서다. 물건을 빼앗은 희석이에게 내 필통이니 돌려달라고 강하게 얘기할 수 있어야 한다고 말해 주고, 그래도 해결이 되지 않을 땐 담임 선생님께 도움을 청하라고 해야 한다.

수시로 학부모가 아이들의 학교에 드나드는 행동만큼은 자제해야 하고, 이것은 학교 선생님에 대한 예우이기도 하다. 아이가 학교에 있는 동안만큼은 선생님이 재량껏 할 수 있도록 맡겨야 한다. 저학년생을 둔 학부모가 가장 의식해야 할 부분이기도 하다.

일상 속에서 바쁘다는 이유로 또는 자녀 양육에 대한 무지함으로 아이들의 자존감을 다치게 하는 언어를 사용하고 있는 건 아닌지 학부모로서의 언어 습관을 살펴봐야 할 필요가 있다. 뜨거운 물이 담긴 냄비에 개구리를 넣으면 바로 뛰쳐나가지만 서서히 불을 가하는 냄비에 넣은 개구리는 삶아져서 죽고 만다. 우리 아이들의 상처도 이러하다. 소통 아닌 불통의 언어에 익숙해지다 보면 돌이킬 수 없는 결과를 가져온다는 걸 잊지 말아야 한다.

눈치 보는 아이에게 필요한 약은
부모의 공감 능력이다

1학기가 시작된 지 얼마 안 되었을 무렵, 아파트 상가에 있는 피아노 학원 선생님으로부터 전화가 왔다.

"선생님, 우리 학원에 오는 초등학교 1학년 남자아이인데요. 한글을 잘 몰라요. 선생님이 바쁘시겠지만 이 아이 좀 받아 주시면 안 될까요? 한글을 떼게 하려고 어머니께서 몇 군데 알아보셨는데 아무도 아이를 받아주겠다는 데가 없다고 하네요. 어쩌죠? 선생님이라면 부탁을 들어주실 것 같아서 이렇게 연락드립니다."

당시 나도 지도하는 아이들이 많아서 한글 교육까지 시킬 여력이 되지 않았지만 오죽하면 그러겠나 싶어서 상담을 오게 했다. 그렇게 만난 윤성(초1, 남, 가명)이와 그 어머니를 본 순간 '이 아이는 내가 꼭 가르친다.'라는 생각을 하게 되었다. 내가 지도하지 않으면 안 될 것 같은 소명의식이라고나 할까? 그렇게 나와 윤성이의 인연이 시작되었다.

보통 아이들 같으면 1시간이면 마칠 분량의 학습이 윤성이에게는 4시간이 필요했다. 가르치는 회원이라는 생각보다는 '내 자식이다.', '내 조카다.'라는 생각으로 아이를 지도했다. 그래서인지 한 달 만에 한글을 떼게 되었다. 윤성이를 계기로 아파트 단지에서는 '늦게까지 한글을 못 떼는 아이는 이 선생님한테 가면 다 해결된다.'라는 입소문이 나기도 했다.

한글을 가르치는 월등한 기술이 있다기보다는 아이의 마음에 공감해 주고 칭찬을 많이 했던 게 빠른 성과를 가져왔을 거라는 생각이 든다. 윤성이는 처음에 내 눈을 제대로 쳐다보지 못하고 눈치를 보기도 했다. '부끄러워서 그러나 보다.' 생각했는데 시간이 가도 좋아지지 않자 윤성이에게 질문을 통해 말을 자꾸 하게 했다.

윤성이의 말은 굉장히 어눌하고 부정확해서 알아들을 수가 없었다. 그러다 보니 더욱 내 시선을 피하려 했는지도 모른다. 시선이 마주치면 내가 말을 시킬 것이고, 자신의 발음이 상대를 불편하게 한다는 것을 의식하다 보니 자신감은 더 낮아질 수밖에 없었으리라.

윤성이 어머니와의 대화를 통해 알 수 있었다. 윤성이에게 언어장애가 있다는 것을. 윤성이를 가졌을 때 어머니는 심각한 '임신 우울증'을 앓아서 약도 조금 복용한 적이 있다고 했다. 윤성이가 이런 장애를 갖고 태어난 게 자기 잘못인 것 같아 '평생 죄인이다.'라고 하면서 눈시울을 붉히는 모습을 보였다.

미안함이 증폭되어서였을까. 어머니는 윤성이의 눈을 똑바로 바라보며 얘기하기가 버겁다고 했다. 엄마의 그런 모습은 아이도 감지하게 되어 있다. 눈치를 자주 보는 윤성이에게 가장 필요한 약은 바로 어머니의 '공감 능력'이었던 것이다.

"엄마, 학교에서 받아쓰기 20점 받았어요. 어제는 빵점이었는데 오늘은 두 개나 맞았어요."

더듬더듬 한글을 배워 가는 윤성이에겐 두 개를 맞춘 것이 대단한 것이었다. 윤성이의 말에 어머니는 보고 있던 TV에 시선을 둔 채 "그래, 잘했어. 손 씻고 식탁 위에 있는 간식 먹어."라는 말만 기계적으로 했다고 한다.

윤성이는 자신이 관심받지 못하고 사랑받는 존재가 아니라는 생각을 많은 시간 거듭했을 것이다. 윤성이 어머니는 아들에게 잘해 줘야지 하면서도 뜻대로 잘되지 않는다며 늘 행동은 속마음과 반대로 나온다고 했다.

윤성이를 쉽게 좌절하지 않는 아이, 남의 눈치를 의식하지 않는 당당한 아이로 키우려면 윤성이 어머니 본인부터 달라져야 한다는 것을 말했다. 아이들은 누구보다 부모가 자신을 믿어 주고 지지해 주기를 바란다.

아이가 서툴러도 절대 부정적인 말을 하지 않고, 실수해도 다독이면서 다시 도전할 수 있도록 북돋아 주는 것, 아이와 눈을 맞추며 이야기에 공감해 주고, 충실한 대화를 나눌 수 있어야 한다. 그런 긍정적인 접촉이 이어질 때 눈치 보고 소심하던 내 아이의 자존감을 살릴 수 있다.

엄마의 과도한 공부 욕심은
아이의 주도성을 해친다

학습방에만 오면 소파 위에 드러누워 10분 정도 휴식을 취하는 아이가 있었다. 초등학교 4학년인 상찬(가명)이 얘기다.

"선생님, 저 영어 학원에서 2시간 반 수업하고 왔는데요. 조금만 누웠다가 공부할게요."

2시간의 학습방 수업이 끝나면 1시간 반짜리 논술 수업에 갔다가 잠시 집에 들러 저녁을 먹은 후 태권도 학원에 가야 한다고 했다. 태권도까지 마치고 귀가하면 밤 10시가 된단다.

그렇다고 그 시간에 바로 씻고 잘 수도 없다고 했다. 학원 숙제를 해야 해서 그것까지 마친 후 밤 12시 넘어서야 자게 된다는 상찬이다. 초등학교 4학년생이 감내해야 할 학습 무게가 너무 과했다.

아이가 공부를 잘하면 잘하기 때문에 더 많은 걸 넣어 줘야 한다고 생각하는 엄마들이 많다. 반대로 학습이 부진한 아이의 엄마들은 뒤처지기 때문에 학원을 통해서라도 많이 시켜야 한다고 생각한다. 어느 쪽이든 아이들에게는 힘겨운 방과 후 일정이다.

상찬이 경우엔 후자에 해당되었다.

"선생님, 저는요. 축구를 엄청 좋아해서 방과 후 수업으로 축구를 하고 싶다고 했는데요. 엄마가 안 시켜 줘요. 학원 가야 해서 시간이 없다고."

상찬이 말을 듣고 어머니와 상담을 하게 되었다. 상찬이 교육에 대한 어머니의 생각이 어떠한지, 상찬이가 어떤 아이로 자라길 원하는지를 물었다.

"우리 상찬이는 시키는 것만 하는 아이라서 지금 거라도 안 시키면 죽도 밥도 안 돼요. 그나마 이 정도라도 시키니까 따라가는 거예요. 최소한 대학 들어갈 실력만이라도 갖춰 놔야 밥 벌어 먹을 거 아니에요?"

어머니가 상찬이 생각에 대해 들어보고자 하는 마음 자체가 없다는 것에 내심 놀랍고 안타까웠다. 상담을 하면서도 내 얘기는 전혀 수긍하지 않는 치밀함까지 보였다.

상찬이는 학기 후반에 들어 성적의 굴곡도 심해졌다. 자신의 말을 잘라 버리는 엄마로 인해 스스로의 존재에 대한 가치를 느끼지 못했을 것이고, 자기 주도성이 결여되다 보니 학습에 대한 의욕도 급격히 떨어졌을 것이다.

부모가 보기에 아무리 사소하고 보잘것없어 보일지라도 아이의 생각을 귀담아들어 주어야 한다. 또한 아이의 학습 스케줄에 대해서도 당연히 의견을 물어야 한다. 이런 과정이 반복될 때 비로소 모든 일에 자발적이고 주도적인 아이가 될 수 있다.

상찬이가 기존에 다니고 있는 학원 중 하나를 끊고 좋아하는 축구 수업을 듣게 된다면 어떤 변화가 생길까. 우선 학업에 대한 스트레스를 풀 수 있어서 좋고 자신의 의견이 반영되었다는 생각에 자존감 또한 상승되어 학교와 학원 생활을 더 열심히 하게 되지 않을까. 배려의 마음을 열지 않는 상찬이 어머니의 교육관이 아쉬웠다.

《스칸디식 교육법》이라는 책의 최경선 저자는 '내 아이를 주도성이 높은 아이로 키우려면 아이가 자기 존재감을 확인할 수 있게 하고, 아이의 생각을 가치 있는 것으로 받아들여서 선택에 대해 책임질 수 있는 시간을 주자.'라고 말한다. 부모라는 이유로 아이에게 선택권을 주지 않고, 아이의 생각과 가치를 무시할 권리가 있을까?

주도성을 갖고 사는 아이들에겐 에너지가 느껴진다. 자연스럽게 톡톡 튀는 아이디어도 나온다. 적당히 물을 주고 햇볕을 쬘 수 있으면서 바람이 잘 드는 곳에 식물을 놓아두면 쑥쑥 자라듯 우리의 아이들에게도 이런 모습을 갖게 해야 하지 않을까?

"우리 애는 원하는 거 다 해주는데도 뭐가 불만인지 모르겠어요."

아이에게 '예, 아니오' 대답만 나오게 하는 폐쇄형 질문을 해놓고 정작 부모 자신은 아이가 원하는 대로 다 해주었다고 생각하는 것은 아닐까? 자녀의 마음 읽기. 읽었으면 과감하게 들어주기. 그 속에 답이 모습을 드러낼 것 같다.

화내는 엄마는
공격성 있는 아이를 만든다

학습방에 나오면서 유난히 자주 다투는 형제가 있었다. 갈등의 원인은 늘 사소하고 일상적인 것들이었다.

동생: 내 지우개 달라고!

형: 싫어. 내 손에 오면 내 거야!

동생: 형아는 도둑이야? 엄마가 그랬잖아! 둘이 물건 같이 쓰지 말라고. 엄마한테 이른다.

형: 맘대로 해라, 메롱!

매사 이런 식이었다. 수업에 방해가 되는 것 같아 둘을 제어하면 그것도 잠시뿐이었다. 두 형제의 다툼 수위가 올라가는 순간 서로 폭력을 쓴다. 한 살 터울인 동생은 형에 대한 예우를 보이지 않을 때가 많다. 형제간의 다툼만 자주 있는 게 아니라 그 여파는 주위 아이들에게까지 번질 때가 많았다.

자기 자리의 영역을 침범했다며 책상 밑으로 다리를 뻗어 다른 아이를 위협하는 형, 남의 책에 낙서하고 공부를 못하게 책을 다른 곳에 숨겨 버리는 동생, 이유 없이 연필심으로 옆 사람 허벅지를 찌르는 형, 욕설을 자주 하는 동생……. 두 아이의 행동은 눈살을 찌푸리게 할 때가 많았다.

형제 어머니와의 상담을 통해 여러 가지를 알게 되었다. 어머니는 '화를 잘 내는 엄마'였다. 사소한 것에도 예민해지고 아이들의 작은 실수조차 너그럽게 봐줄 수 없는 데는 어머니의 힘든 가족사가 지배하고 있었다. 시어른 병간호와 가정에 무심한 남편으로 인해 정신적, 육체적으로 지쳐 있었다. 두 아이가 공격적으로 변해 가고 있다는 걸 어머니도 느끼고 있었지만 지금 상황에서 딱히 할 수 있는 게 없다며 답답함을 토로했다.

"어머니, 아버님께서만 도와주신다면 충분히 희망이 있는 일입니다. 집안일인데 부부가 함께 분담해야지 왜 어머니 혼자 다 감당하려 하십니까? 아버님께 진심을 다해 도움을 구하세요. 화를 담아 감정적으로 말씀하시면 또 싸움이 될 수 있으니 부드러우면서도 단호하게 말씀드려 보시는 건 어떨까요."

"그렇죠? 말 안 하고 이대로 가면 저만 등신이겠죠? 우리 애들한테 참 미안하네요."

부모 교육 전문가들은 '문제 있는 아이는 하나도 없다. 문제 있는 부모만 있을 뿐이다.', '아이의 문제는 곧 부모의 문제다.'라고 이구동성으로 이야기한다. 어떤 문제이든 간에 파헤쳐 보면 원인은 부모의 양육 태도와 자세에서 비롯되었다는 것이다. '아이는 부모의 거울이다.'라는 말도 있지 않던가?

우리 집 경우 딸아이는 유난히 인사성이 좋다. 엘리베이터에서 만난 처음 보는 어른들께도 미소를 띠며 인사를 건넨다. 이웃 엄마들은 "미경이가 성격도 좋고 인사도 잘한다.", "대인관계 능력이 좋아서 사람을 상대하는 서비스 사업하면 정말 잘할 것 같다.", "양딸 삼고 싶다."는 말까지 했다. 그러다 보면 "딸을 참 잘 키웠다."는 말까지 내 차지가 된다.

나는 처음 보는 사람에게 낯을 가리는 성향이 있어서 상대가 묻는 말에만 대답하고 많은 대화를 나누지 못한다. 그런데 남편은 나와 반대의 성향을 지녔다. 딸아이가 아빠를 많이 닮은 듯하다.

'인사성 하나만 좋아도 인생의 절반은 성공한 거나 다름없다.'고 생각한다. 인사하는 습관이 하루아침에 만들어지진 않는다. 어린 시절부터 부모가 하는 모습을 보고 아이들은 몸으로 익혀 간다.

부모 자신은 주변 사람들에게 인사를 잘하지 않으면서 아이들에게 "어른을 보면 인사 좀 해라."라고 시키는 건 벽보고 얘기하는 것과 같다. 인사를 잘하는 아이들은 전반적으로 심성도 좋다. 공격적인 성향도 거의 드러내지 않는다. 내 아이가 상대를 경계하고 공격적인 성향을 보인다 싶으면 '웃으면서 인사하기'를 실천하게 해 보자. 아는 사람이든 모르는 사람이든 웃으며 인사하다 보면 날카로운 감정도 정화될 수가 있다.

가장 가까운 곳에서 생활하는 부모의 말, 행동, 생각은 한 치의 오차도 없이 그대로 내 아이에게 전해진다는 것을 잊지 말자.

독한 부모를 연기하라

"선생님, 우리 엄마는요 변덕쟁이에요. 어떤 날은 9시 넘어서 게임해도 된다고 했다가 또 어떤 날은 자야 되니까 안 된대요. 저는요. 우리 집에 손님 오실 때가 제일 좋아요. 그때는 내가 원하는 걸 다 하게 해 주거든요."

양육하는 부모라면 반드시 살펴야 할 것이 일관성 있는 양육 태도다. 부모의 그날그날 기분에 따라 이랬다저랬다 하는 모습은 아이에게 혼란을 주고 자존감을 떨어뜨리게 한다.

똑같이 저지른 실수에 대해서 어떤 날은 조용히 타이르며 넘어가고, 어떤 날은 심하게 체벌한다면 아이는 정서적으로 불안해하고 공포심과 경계심을 가지게 된다. 또한 침착성이 결여되어 반사회적인 행동을 보이기도 하고, 불평, 불만, 짜증을 잘 내며 타인의 눈치를 살피는 아이가 된다.

아이와 부모가 정한 원칙을 가지고 실천하는 모습을 보여주는 것이 중요하다. 컨디션에 흔들리지 않는 '독한 부모'를 연기해야 한다. '약속은 정말 중요하다. 지키라고 있는 것이다.'라고 가르치면서 정작 부모는 아이 생일선물로 사 주기로 했던 장난감을 사 주지 않는다면 옳지 않다. 그런 경험을 가진 아이들이 학습방에 와서 속상함을 표현하는 걸 아는가.

"선생님, 우리 엄마는 거짓말쟁이에요. 생일선물로 블록 사 준다 해 놓고는 일주일만 더 기다리면 크리스마스 선물로 사 주겠대요. 이제부터 우리 엄마 말은 안 믿어요."

약속을 잘 지키지 않고 일관성이 없는 부모의 양육 태도는 아이에게 '부모를 이길 수 있다.'는 생각을 갖게 한다. 부모에게 대들고 버릇없는 행동을 해도 통할 것처럼 느껴지면 아이는 부모를 심리적으로 자기 아래에 놓는다.

노후에 자식들에게 학대받고 심지어 폭행까지 당하는 부모들을 보면 마음이 불편하다. 결국엔 부모들이 자식을 그렇게 키웠기 때문이다. 반사회적인 행동을 하는 자식을 탓하기에 앞서 그렇게 키워 낸 부모에게 일차적인 책임이 있는 것이다. 범죄의 수위가 높아지고 청소년 범죄율이 증가되고 있는 추세는 '가정이 흔들리고 있다.'는 것을 암시하기도 한다.

다음은 스위스의 철학자이자 소설가, 수필가인 알랭 드 보통의 《우리는 사랑일까》에 소개된 일관성 실험에 관한 이야기다.

'러시아 심리학자 파블로프는 개가 반응하도록 훈련하던 신호에 혼란을 주면 개는 몸을 떨고 대소변을 볼 때 신경증 상태에 빠질 수 있음을 밝혔다. 종을 울리고 먹이를 주다가 똑같이 종을 울리면서 갑자기 빈 접시를 주면 개는 몇 번 같은 경험을 한 끝에 빈 접시에 익숙해질 수 있다. 하지만 종이 울리고 나서 때로는 먹이가 나오고 때로는 안 나오는 식으로 불규칙하게 진행되면 개는 이제 어떻게 해야 좋을지 알 수 없게 되고, 음식과 빈 접시의 연관성을 파악할 수 없어 혼란에 빠진다. 종소리가 때로는 먹이를 의미하다가 때로는 다른 것을 의미하면 개는 천천히 광견 상태에 빠져들게 된다.'

부모도 '감정의 동물'이다 보니 때론 원칙을 저버리고 편한 것을 택하고 싶을 때가 있다. '한 번쯤은 괜찮겠지. 애가 뭘 알겠어?'라며 1회를 내려놓는 순간 부모는 원칙 위반자가 되는 것이다. 엄마와 아빠가 자녀 양육에 대해 서로 보충하고 보완해 주려는 노력을 보이는 게 필요하다.

'교육은 백년지대계'라고 하지만 우리나라 교육 정책은 너무 자주 바뀌는 편이다. 그럴 때마다 부모들은 혼란의 시간을 갖기도 한다.

자녀 양육에 대한 소신이나 원칙이 없게 되면 아이들이 가장 큰 피해자가 된다. 진정으로 내 아이를 잘 키우고 싶다면, 또 내 아이를 사랑하고 있다면 일관성 있는 양육 태도를 가져야 한다. 독한 부모 연기를 잘해 내자. 지나친 과잉보호가 아닌 확고한 원칙과 가치관을 가지고 양육하자.

상대적 비교는 피하라

어린 시절에는 옆집 친구와 성적을 비교당하고, 사회인이 되어서는 직장 동료와 비교되고, 부모가 되어서는 내 아이와 옆집 아이를 비교하며 살아간다. '비교'는 내 아이의 자존감을 떨어뜨리는 지름길이다. 누군가와 비교된다는 것은 상대보다 더 못한 부분이 있기에 비교를 통해 자극을 받아 더 분발할 거라는 노파심에서 시작한다.

하지만 비교에 놓이다 보면 다치는 건 아이와 부모이다. 아이에겐 부모가 원하는 대로 따라가지 못하는 심리적인 부담감이 생기고, 부모에겐 자신이 원하고 투자하는 것만큼 아이가 성과물을 보여주지 못해서 상대적 박탈감이 든다.

초등 2학년인 희진(여, 가명)이 어머니가 전화를 걸어 왔다.

"선생님, 내 아이를 다른 애들과 비교하지 말아야지 하면서도 나도 모르게 비교할 때가 많아서 참 속상해요. 어제는 학교에 다녀온 희진이가 입이 귀에 걸려서 들어오더라구요. 받아쓰기를 지난번보다 더 잘 맞았다며 칭찬해 달라고 하길래 친구 지원이는 몇 점 맞았냐고 물었죠. 지원이는 백점이라는 말에 순간 화부터 냈네요. 지원이는 백점 맞는데 너는 왜 두 개나 틀렸냐고? 아이가 눈물을 글썽이는 모습을 보고 아차 싶더라구요."

"희진이 기분이 많이 상했겠네요. 전날 결과보다 더 나아졌기 때문에 칭찬을 받아야 한다는 명확한 기준을 아는 똑똑한 아이네요. 그전 점수보다는 좋아졌다는 것에 일차적인 칭찬을 해주고, 어떻게 하면 다음에는 더 잘할 수 있는지 대안을 제시해 주는 게 필요합니다. 예를 들어 받아쓰기 단계장 써 보는 연습을 두 번 하고 80점을 맞았다면 다음에는 네 번 연습해 보자는 식으로 말이죠."

구체적인 언어로 칭찬과 격려를 하고 자녀의 입장이 되어 공감해 줄 때 아이는 부족한 면들을 조금씩 채워 가게 된다. 《스칸디식 교육법》의 최경진 저자는 '아이에게 기대하는 마음은 채워지지 않는 갈증과 같다.'라고 했다.

인간의 욕심은 끝이 없다. 그러한 욕심을 만족할 때까지 채운 다는 건 불가능한 일이다. 더운 여름날 달달한 음료를 마시면 더 심한 갈증을 느끼듯이 아이에 대한 기대감을 많이 가지면 가 질수록 더한 목마름을 느끼는 게 사람의 마음이다.

부모의 지나친 욕심으로 자녀에게 부담감과 스트레스를 주기 보다 있는 그대로를 인정하고 믿고, 스스로 잠재력을 발휘할 수 있을 때까지 묵묵히 기다려 줄 수 있어야 한다.

아이는 부모의 양육 태도와 환경 여건에 따라서 여러 번 껍질 을 벗는 과정을 겪는다. 말이 늦된다고 걱정할 필요 없다. 장애 가 있지 않는 이상 말은 트인다. 또래보다 늦게 걷는다고 '우리 아이 행동발달 장애인 거 아냐?'라며 의심하지 않아도 된다. 늦 게 걷는 아이들이 오히려 걸음마 과정에서 덜 넘어진다.

한글 습득을 빨리 못한다고 불안해할 필요도 없다. 오히려 그 런 아이들이 대기만성형이라 늦공부가 틔는 경우를 많이 봤다. 마라톤도 그렇지 않던가? 초반에 너무 많은 에너지를 써서 선 두에 뛰다 보면 마지막 결승전까지 체력이 받쳐 주지 못해 중도 포기하는 일이 생긴다.

아이들 양육은 '마라톤'과 같다. 옆집 아이가 내 아이보다 잘 한다고 속상해할 것 없다. 언제든 역전의 가능성은 충분하기 때문이다. 다른 집 아이와 비교할 거리를 찾느니 그 시간에 내 아이 눈 한 번 더 맞춰 주고 호응해 줘라. 인생은 사랑과 관심을 주기에도 짧은 시간이다.

우리 집 경우 둘째인 딸아이가 엊그제 배밀이와 뒤집기를 했던 것 같은데 벌써 고등학생이다. 내 아이 성장에 집중하기에도 바쁘다. 누구네 집 밥숟가락이 몇 개이고, 포트메리온 접시가 몇 개인지 세어 볼 시간에 내 아이의 소리에 귀 기울여라. 부모의 사랑과 관심을 먹고 자라는 우리 아이들, 내 인생에 찾아온 귀한 손님에게 성심을 다하자.

'작은 일도 무시하지 않고 최선을 다해야 한다. 작은 일에도 최선을 다하면 정성스럽게 된다. 정성스럽게 되면 겉으로 드러나고, 겉으로 드러나면 이내 밝아진다. 밝아지면 남을 감동시키고 남을 감동시키면 변하게 되고 변하면 생육된다. 그러니 오직 세상에서 지극히 정성을 다하는 사람만이 나와 세상을 변하게 할 수 있다.'―《중용》 23장 '역린' 중에서.

아이를 잘 놀게 하라

'잘 노는 아이들이 대인관계 능력이 좋고 공부도 잘한다.'는 말을 우리는 익히 들어 알고 있다. 하지만 대다수의 엄마는 그 말을 활용하지 않는다. 아이들의 놀이를 가볍게 여기는 경향이 강하다. 자신들만의 교육관을 주장하며 자녀가 어릴 때부터 이런저런 학원을 보내고 다양한 종류의 학습지를 안긴다.

만 7세 이전엔 아이들의 좌뇌와 우뇌가 집중적으로 발달하는 시기다. 《좌뇌와 우뇌 사이》를 쓴 미국의 뇌의학자 마지드 포투히는 책을 통해 좌뇌와 우뇌의 역할을 이렇게 설명하고 있다.

'우뇌는 이미지뇌라고 불리는데, 음악을 듣고 그림을 보고 어떤 이미지를 떠올리는 기능을 관장한다. 좌반신을 조절하고 얼굴 표정을 인식하며 원근감의 감각, 창의성, 음악성, 직감 등의 기능을 담당한다. 반면 좌뇌는 언어뇌라고 해서 말하고 계산하는 것과 같은 논리적인 기능을 관장한다. 우반신을 조절하며 수학적인 논리, 말하기, 읽기, 쓰기, 추리 등의 기능을 담당한다.'

아이들은 '블루마블'이나 '보드게임' 같은 놀이를 통해 논리적인 사고력, 수리력, 창의력을 키울 수가 있다. 또한 친구들과 함께하는 '모래놀이, 숨바꼭질, 무궁화꽃이 피었습니다, 얼음땡' 등의 놀이를 통해 사회성과 공간 지각력을 기를 수 있고 이런 놀이는 스트레스 해소에도 도움을 준다. 이렇게 잘 노는 아이들은 성격도 좋고, 끈기와 집중력이 좋아서 공부도 더 잘하게 된다.

시험 기간에 보충수업을 지도할 때 내가 자주 사용한 방법이기도 하다. 간식을 먹고 나서 아이들이 나른해질 시간이 되면 20~30분 정도 아파트 앞 놀이터에 가서 뛰어놀다 오게 한다. 아이들은 놀이터가 떠나가라 소리를 지르며 논다. 휴식을 취하고 학습을 하게 되면 오답률도 훨씬 적고 문제에 대한 이해도도 굉장히 좋아진다.

기업 경영진의 인사 관리자를 대상으로 한 설문 조사에서 '80% 이상이 대인관계 능력지수(PQ)가 높은 인재를 선호한다.'고 답했다는 기사를 본 적이 있다. 잘 노는 아이들의 대인관계 능력지수는 높을 수밖에 없다. 또래 친구들과의 놀이를 통해 인내심을 키우고 배려하는 마음을 갖게 되고 규칙을 따르는 준법 정신도 키울 수 있게 된다. 또래와의 놀이 자체가 삶의 배움터인 것이다.

모든 것에는 때가 있다. 아이들이 노는 것에도 역시 때가 있다. 초등학교 시절까지는 아이들이 마음껏 놀 수 있어야 한다. 책상 위에 오래 앉아 있게 한다고 해서 학습량이 많을 거라고 생각하는 것은 부모의 욕심이다.

초등학생들이 학습에 집중할 수 있는 시간은 30분을 넘기지 못한다. 학교 숙제나 학원 숙제를 오랜 시간 붙잡고 있는 아이들은 집중이 잘 안 되기 때문이다.

"선생님, 저는 숙제가 없는 세상에서 살고 싶어요. 숙제 없는 나라도 있는 거죠?"

이런 말을 들을 때면 아이들을 가르치는 입장에 있는 사람으로서 미안한 마음이 든다.

북유럽에서는 7세 이전엔 글도 가르치지 않고 오로지 노는 것에만 집중하도록 감성 교육에 치중한다. 자연에서 뛰어노는 놀이를 통해 오감을 깨우고 잠재력을 발견하게 한다. 놀이가 곧 세상과 소통하는 방법을 배우는 교육이기 때문이다.

어른에게는 무심코 지나칠 수 있는 것들이 아이들 눈의 프리즘으로는 '삶의 목적'이 될 수 있다. 놀이를 통해 자기의 능력을 헤아리고 '난 썩 괜찮은 사람이네, 역시 나야, 나 이런 사람이야.'라는 생각도 갖게 된다. 이렇듯 놀이와 함께 아이들의 일상을 관리해 주다 보면 자존감도 향상된다.

우리 집 큰아이가 5~6세였을 때 시골에 있는 시댁에 가면 아이는 종일 밭에서 놀았다. 같이 놀아 주는 엄마, 아빠가 옆에 없어도 혼자서 노는 걸 즐겼다. 괭이와 삽, 호미로 밭고랑을 만들고, 나름대로 쟁기질도 하면서 뿌듯해하던 모습이 지금도 눈에 선하다. 밥 먹는 시간을 빼고는 집 앞에 있는 텃밭에서 지칠 줄 모르고 노는 모습이 대견해 보이기도 했다.

또래 엄마들한테 "우리 아들은 시골에 가서 이렇게 논다."라고 얘기하면 "에고, 옷이 흙으로 엉망이 되잖아. 애가 햇볕에 그을리면 어째."라며 걱정하는 말을 하곤 했다. 그럴 때 아니면 언제 흙밭에 뒹굴면서 놀아 보겠나 싶어서 나는 주변의 만류를 듣기보다 아이가 흙 범벅이 되는 것을 기쁘게 허용했다.

내 큰아이에게 그 시절은 아름다운 추억의 한 장으로 자리하고 있을 것이다. 경운기, 트랙터를 운전하는 할아버지의 모습이 큰아이에겐 존경스러움의 대상이었고, 초등학교 때에는 혼자서도 경운기와 트랙터를 운전하게 되었다. 농번기가 되면 성인 한 명의 몫을 당당히 해내면서 할아버지를 돕는 모습은 의젓하고 보기 좋았다.

좋아하는 일을 미치도록 할 수 있는 집중력이 있다면 그 사람의 인생은 성공한 거나 마찬가지다. 아이들이 집중하고 몰입할 수 있는 건 '놀이'를 통해서다. 어린 시절 왕성한 호기심과 주체할 수 없을 정도로 넘치는 에너지를 놀이를 통해 발산하게 하자. 놀이는 세상과 호흡할 수 있는 중요한 통로다.

분노 조절을 잘하는 아이가 성공한다

"남자가 이만한 일로 울면 안 돼! 울음 뚝!"

가부장적, 남성우월주의가 만연했던 지난 시절에 주로 남자 아이들이 많이 들었을 말이다. 남자는 함부로 울어선 안 되고, 태어나서 세 번만 울어야 한다는 말이 아직도 우리 사회에 남아 있다. 그러다 보니 '분노조절장애'는 여자아이들보다 남자아이들에게서 많이 나타나기도 한다.

어린아이가 울면 '왜 우는지?', '어디가 아픈지?', '어떻게 해 주면 되는지?'를 묻기 전에 울음부터 중단시키려 한다. 크게 우는 것이 다른 사람에게 방해를 준다는 생각에 아이의 감정은 살피지 않고 주변을 먼저 의식하는 행동을 하는 것이다. 대다수

부모에게서 나타나는 모습이다.

아이들은 자신이 우는 정도로 욕망과 분노를 표출한다. 자기 마음의 현재 상태를 표현하는 지극히 자연스럽고 건강한 행동이다. 그러한 아이의 마음을 읽어 내야 하는 건 부모의 중요한 몫이기도 하다.

분노조절장애란 심리학 용어로 '분노를 참거나 조절하는 데 어려움을 겪으며 과도한 분노의 표현으로 정신적, 신체적, 물리적 측면 등 다양한 영역에서의 피해를 경험하는 것'(두산백과)을 말한다. 예컨대 10을 기준으로 했을 때 3 정도의 화가 날 상황인데 그 두 배 이상 또는 10의 화를 낸다면 분노조절이 되지 않는 것이다.

가지고 싶은 장난감을 사 달라고 크게 울면서 분노를 표현했는데 부모가 들어주지 않았을 때 아이는 느끼게 된다. '아, 내가 이렇게 해도 엄마는 사 주지 않는구나. 포기해야겠다.' 이렇게 보면 분노는 사회적 관계를 배워 가는 척도 중의 하나라고 할 수 있다. 실제로 분노 표출을 적절하게 활용할 줄 아는 직장인이 월급도 더 많이 받으며 인정받는다고 한다.

아주대 심리학과 김경일 교수는 "분노는 강력한 핵과 같다. 어디에 어떻게 쓰느냐에 따라서 그 가치는 달라진다. 발전소처럼 쓰면 유익하게 쓸 수 있지만 폭탄이나 미사일을 만드는 곳에 쓰면 공멸의 길로 가게 될 수 있다. 그만큼 강한 힘을 가진 에너지다."라고 말했다.

사람은 너무 과하지도 너무 약하지도 않게 감정의 강도를 조절할 수 있어야 원만한 삶을 살아간다.

무조건 참는 게 미덕은 아니다. 자신의 감정을 올바르게 표현할 줄 아는 사람으로 자라게 하기 위해서는 아이가 간간이 드러내는 분노를 '무조건 안 돼.'라며 차단하지 말고 부모가 공감해 주고 같이 해결해 보려는 노력을 가져야 한다.

인간은 탄생하는 순간 '불편한 감정'을 갖고 태어난다고 한다. 그 불편함을 슬픔, 분노, 짜증을 통해 표현하게 된다. 이에 대한 적극적인 표현은 출생 12개월 이후부터 나타난다. 아이의 이런 모습에 적응이 안 된 엄마는 "쟤를 다시 뱃속으로 집어넣고 싶다."는 말을 쏟아 내기도 한다.

두세 살이 되면 분노와 도발이 가장 심해진다. '미운 세 살'이라는 말이 심리학적으로 근거 있는 말이라는 것이다. 네 살 무렵은 의사소통과 자기조절능력이 발달하는 시기다. 그 나이가 지나서도 공격적인 언어나 행동이 3개월 이상 지속된다면 감정 조절능력에 적신호가 온 것일 수 있다.

〈EBS 교육저널〉에서는 '분노 조절이 힘든 아이들이 나타내는 7가지 특징'에 대해 소개한 바 있다.

첫째, 고집이 세고 성격이 급하다. 자기 뜻대로 되지 않으면 화부터 내고 본다.

둘째, 쉽게 포기하거나 좌절한다. 두려움이나 힘든 감정을 마주하기 어려워하는 경향을 보인다.

셋째, 다른 사람을 쉽게 미워하고 짜증을 부린다. 안 해, 싫어 등 부정적인 단어를 자주 쓴다.

넷째, 자신이 잘했다고 생각한 일에는 반드시 칭찬을 받아야 한다.

다섯째, 화가 나면 갑자기 물건을 던지거나 부순다.

여섯째, 화가 나면 거친 말을 내뱉고 폭력을 휘두른다.

일곱째, 자신의 실수를 남의 탓으로 돌린다.

분노조절장애가 생기는 이유는 분노 자체보다는 '조절'에 문제가 있기 때문이다. 아이들은 타고난 기질에 따라 분노 표출에 차이를 보이며 보통은 다섯 가지 유형으로 나타난다고 심리학과 김경일 교수는 말한다.

화가 나면 소리를 지르거나 물건을 던지는 '폭발형', 화를 낸 이유가 타인 때문이라고 생각하는 '투사형', 웬만하면 화를 안 내고 참는 '억압형', 화가 났을 때 누구든 붙잡고 반복적으로 쏟아 내는 '표현형', 화를 나게 한 상대방에게 복수해야 화가 풀리는 '복수형'이 그것이다.

내 아이는 어떤 유형인지 관찰해볼 수 있겠다. 부모는 아이가 화를 낼 때 그 상황을 억압해 해소하려기보다는 긍정적 에너지로 변환할 수 있게끔 대처해야 한다.

〈EBS 교육저널〉이 전하는 '욱하는 우리 아이 감정 조절 교육법'에 따르면, 분노하는 아이에게 대처할 수 있는 세 가지 방법이 있다.

첫째, 3분의 법칙(타임아웃)을 둔다

아이에게 천천히 숫자를 세게 한 후 물리적으로 감정을 진정시키는 것이다.

둘째, 자신이 왜 화났는지를 천천히 생각하게 한다

생각하는 과정을 통해 화가 조금씩 소멸되는 효과를 가져 온다.

셋째, 건강하게 화내는 방법을 알려 준다

부정적인 행동으로 표출하는 것도 그중 하나다.

퇴근한 아빠를 보고 인사를 하지 않은 채 자기 방으로 들어가 버린 아이가 있다 치자. 이런 행동을 보고 버릇없는 아이로 단정해서는 안 된다. 아이가 자신이 화났다는 것을 표현한 것이니 아이의 불편한 감정을 들어 주고 공감해 주려고 할 수 있어야 좋은 부모다.

잊지 말자. 아이가 분노 상황에 적절하게 화도 낼 수 있어야 마음도 건강하게 자란다는 것을.

'열정'의 씨앗을 갖게 하라

"선생님은 지금 하시는 일에 만족하세요?"

"만족도의 최고치를 10이라고 할 때 지금은 7 정도라고 생각해. 왜냐하면 이루고 싶은 꿈이 있거든."

"꿈이요? 선생님도 꿈이 있으세요? 남편, 자식, 직업 다 가지고 계시는데 또 다른 꿈이 있다고요? 역시 선생님은 다르네요. 우리 엄마는 교회하고 집밖에 모르는데……."

중학교 3학년인 지희가 논술 수업 시간에 했던 말이다. 평소에 예의 바르고 학업 성적도 좋으며 자신의 일을 묵묵히 잘해내는 지희가 이런 말을 한다는 건 심경에 변화가 생겼다는 것일 수 있다. 그래서 지희의 마음에 노크를 해 봤다.

"우리 지희, 요즘 많이 힘들구나?"

"하고 싶은 거 배우고 싶은 거 놀고 싶은 거 참아 가면서 죽도록 공부만 해서 엄마 아빠가 원하는 신학대에 들어간다 해도 저는 행복할 것 같지 않아서요."

"얼마 전부터 네가 친구들에게 신경질을 잘 내길래 지희가 사춘기인가 보다 생각했는데 그게 아니었구나. 지희는 어떻게 살고 싶어?"

"저는 애들을 좋아하기 때문에 유아교육과에 진학해서 유치원 선생님이 되고 싶어요. 어릴 때의 교육이 중요하잖아요. 집에서 엄마가 대신할 수 없는 부분을 채워 주는 '희망 전도사'로 살아가고 싶어요."

자녀를 키우는 부모라면 가장 먼저 생각해야 할 부분이 있다. '내 아이가 어떤 직업을 갖게 할 것인가?'가 아니고, '내 아이를 어떤 사람으로 살아가게 할 것인가?'에 주안점을 두어야 한다. 자녀에게 부모의 의견을 지나치게 강요해서는 안 된다. 부모가 생각하는 교육과 가치가 절대적으로 옳다는 것을 지양해야 한다. 아이가 좋아하는 것, 아이가 즐거워하는 것을 할 수 있도록 환경을 제공해야 할 의무가 있다.

아이들은 자신이 좋아하는 것, 즐거워하는 것을 할 때 하고자 하는 의욕을 보이고 열정을 갖는다. 스스로 열렬히 원하는 것에 빠져들다 보면 놀라운 집중력과 지구력이 생긴다. 실패하더라도 더 잘 해내기 위해 연구하고 도전하는 모습을 아끼지 않는다. 좋아하는 것을 하는 아이들은 혈색도 좋다. 옆에 있는 사람들까지 덩달아 긍정의 에너지를 느끼게 한다.

자신이 하고 싶은 것과 부모가 원하는 것 사이의 괴리감이 크면 대부분의 아이들은 자신의 것을 내려놓는다. 부모를 설득시킬 용기조차 가지려 하지 않는다.

지희 또한 그런 아이였다. 자신이 죽도록 공부해야 하는 이유가 '부모를 위해서'라는 생각이 들어서 하기 싫다며 공부에 대한 흥미를 잃어 갔다. 안된 마음으로 반 학기쯤 지켜보다가 지희를 위해 협조자가 되기로 마음먹고 지희 어머니와의 상담을 진행했다. 6개월간 지희의 변화(성적 하락, 심경의 흐름)에 대한 나의 생각, 지희의 진로에 대한 부모님의 생각에 대해 의견을 나누었다.

"선생님, 우리 지희가 그런 마음이었는지 정말 몰랐네요. 항상 예스만 하는 아이라서 아무 문제 없는 줄 알았습니다. 최근 들어 성적이 좀 떨어지길래 그러다가 또 오르겠지 하면서 지희를 믿고 있었네요. 유치원 선생님이 되고 싶다는 말은 했지만 저는 지희를 예수님의 충실한 제자로 키워 보고 싶어서 그 말을 무시해 왔습니다. 선생님 말씀을 듣고 보니 지희한테 참 미안하네요. 오늘 집에 가서 지희랑 진지하게 대화해 볼게요. 엄마 앞에서 말하는 것보다 선생님이 더 편했나 봅니다. 고맙습니다. 우리 지희 편이 되어 주셔서.”

그 후 지희는 좋은 성적으로 유아교육과를 졸업하고 지금은 현장에서 이쁜 병아리들과 아름다운 소통을 하며 살고 있다.

부모의 가장 중요한 역할은 아이가 좋아하는 것, 빠져들 수 있는 것, 진심으로 즐거워하는 것을 발견하고 그것을 지지해 주고 지원해 주는 것이다. 그랬을 때 아이는 그것을 통해 열정을 느끼게 되고, 풍요로운 마음 또한 덤으로 얻게 된다.

중학교 때 중상위권 성적을 유지했던 내 큰아이도 자신이 원하는 자동차전문학교(특성화고등학교)를 가게 되면서 놀라운 열정을 보이더니 우리 부부가 예상했던 것 이상의 결과물을 선물해 주었다. 학군이 좋다는 곳에서 살고 있고, 아이들을 가르치는 교사라는 꼬리표를 무시하고 아들을 특성화고에 보낸다는 것이 처음에는 쉽지 않았다.

하지만 아들은 절실히 원했고, 우리 부부는 그 간절한 마음을 존중해 주었다. 자신이 원했던 학교였기에 좀 불합리해 보였던 선후배 간의 규율도 긍정적인 마음으로 소화해 내고 쏟아지는 잠을 이겨 가며 자기와의 싸움을 실천해 가는 모습을 보여주었다.

그런 과정을 거쳐 어느덧 자기 몫을 하는 성인이 된 아들을 보면서 열정의 중요성을 새삼 느낀다. 열정은 매사의 순간들을 긍정적으로 이끌어 주고, 자기 긍정감이 올라가 자신감도 생기며, 하지 않으면 안 될 다른 일도 책임을 가지고 잘 해낼 수 있게 만든다. 아이들이 열정을 가져야 하는 이유인 것이다.

그렇다면 아이들이 열정을 가질 수 있게 도와주는 방법은 무엇일까? 《비인지 능력 키우기 엄마 수업》(보크 시게코 저)이라는 책에 참고할 만한 내용이 나온다.

첫째, 아이에게 여러 가지 경험을 하게 한다

아이가 경험하는 것들을 통해 어떤 것에 흥미를 가지며 어떨 때 열심히 하는지, 어떨 때 분노하고, 어려울 때는 어떻게 극복하는지에 대해 부모는 세밀히 관찰해야 한다. 아이의 성향을 알아야만 든든한 조력자가 될 수 있다.

둘째, 여러 사람과 만날 기회를 만든다

내 지인 중 한 사람은 방학 때가 되면 자녀들을 '청소년 캠프'에 보낸다. 그곳이 집과 먼 곳이라 해도 개의치 않고 참가시키는 열성을 보인다. 다양한 사람들과 교류하는 시간을 통해 새로운 세계에 대한 탐구심이 생기고 주체적인 의지를 함양할 수 있기 때문이다.

셋째, 찾아낼 때까지 계속해서 찾는다

스티브 잡스가 남긴 유명한 말이 있다. '다른 사람의 인생을 살지 마라. 만약 좋아하는 것을 찾지 못했다면 찾을 때까지 찾아라.' 될 때까지 한다는 게 쉬운 일이 아니다. 하지만 끈기를 잃지 않고 찾고자 하는 것을 찾는다면 평생을 지탱할 수 있는 기둥이 되는 것이기에 시간과 노력을 투자할 만하지 않겠는가?

넷째, 시작하는 법과 그만두는 법의 규칙을 정해 둔다

"선생님, 우리 아이가 첼로를 배우고 싶어 해서 레슨을 시켰더니 한 달도 안 돼서 그만하겠다네요. 아이의 말만 듣고 끊는 게 맞는 걸까요?"

다양한 경험을 갖게 하기 위해서 이것저것 시도해 봐야 하는 건 맞지만 '좋아하지 않으면 바로 그만두는 아이'가 되지 않도록 일정한 규칙을 정해야 한다. 그만두더라도 거기까지는 제대로 했다는 성취감을 아이가 느낄 수 있도록 하는 것이 중요하다. 3개월, 6개월, 1년 정도의 기간을 정해 두고 아무리 싫어도 그 기간까지는 해내야 한다는 걸 아이와 사전에 약속하고 진행하는 것이 좋다. 그런 과정을 통해 처음엔 싫어했던 것을 오히려 좋아하게 되고, 대학 진로까지 연결해 가는 사례를 본 적도 있다.

다섯째, '무엇을 위해 그것을 하니?'라는 질문을 자주 한다

교사: 영어 공부는 왜 하니?

학생 1: 엄마가 열심히 해야 좋은 대학 간다고 해서요.

학생 2: 영어 잘하면 똑똑해진다고 해서요.

학생 3: 그냥 하라고 하니까요.

학생 4: 저는 외교관이 되는 게 꿈이에요. 외교관이 되려면 세계 여러 곳을 다녀야 하기 때문에 제1 공용어인 영어를 잘해야 해요.

학생 4의 경우처럼 대답할 수 있는 아이는 극히 제한적이다. 왜냐하면 자기 스스로 '무엇을 위해 하는가?'에 대해 생각하는 습관이 만들어져 있지 않기 때문이다. 아이가 어릴 때부터 이런 질문을 수시로 던지는 부모가 되어야 한다. 아이들은 그런 연습을 통해 A와 C의 연결고리가 B라는 사실을 자연스럽게 깨우치면서 사고를 확장시키고 그것을 이루기 위해 '열정의 엔진'을 가동하게 되는 것이다.

　무엇보다도 '열정을 가진 부모가 열정적인 아이를 만든다.'는 사실을 잊어선 안 된다. 엄마, 아내, 며느리라는 이름은 '나 자신'이라는 인격에 더해진 역할일 뿐이다. 엄마부터 나 자신의 고유함을 삶의 본연에 두고 나다운 삶을 채워 가는 것이 그 어떤 것과도 견줄 수 없을 만큼 중요하다. 아이가 좋아하는 것, 잘하는 것이 무엇인지 찾아가는 과정에서 내가 좋아하는 것, 내가 잘하는 것이 무엇인지도 함께 찾아가려는 노력이 필요하다.
　내 것을 찾고 내 것을 키우는 태도를 보이면 아이가 덩달아 따라올 수도 있다. 부모도 아이도 삶에 적극적인 열정을 가질 때 원하는 것들을 창조해 갈 수 있다. 새로운 창조를 통해 '나 제법 괜찮은 사람이네.'라는 자기 긍정감, 자기 효능감을 가지게 된다.

자존감을 높이려면 독립심을 키워라

자존감과 독립심은 밀접한 관계를 가지고 있다. 하나부터 열까지 부모가 시키는 대로 따라 하는 아이는 자존감이 낮을 확률이 현저히 높다. 어떤 일을 해나가는데 부모가 가르쳐 준 것 외에 다른 변수가 생기면 불안해하고 문제 해결 능력도 보이지 못한다.

"선생님, 큰일 났어요. 이거 내 가방이 아니에요. 학습방 오는 길에 학교 운동장에서 잠깐 구름사다리 탄다고 가방을 벗어 놨는데 똑같은 가방을 가진 애가 바꿔 갔나 봐요. 어떡해요? (닭똥 같은 눈물을 흘리면서) 엄마한테 혼나요. 물건 똑바로 못 챙긴다고……."

초등학교 2학년인 은중(남, 가명)이 얘기다. 아이들끼리 놀다 보면 충분히 생길 수 있는 일이다. 예전에도 가방이 바뀐 아이의 위기를 수습해 준 적이 있었다. 가방 안에 가방 주인의 인적 사항이 있는지 확인하기 위해 이것저것 살펴보았다. 학년과 반이 알림장 노트에 적혀 있어서 먼저 학교로 전화를 걸었다.

전화는 가방 주인이 속한 반의 담임 선생님께 연결되었고 나는 정중한 인사와 함께 자초지종을 말씀드렸다. 담임 선생님과 통화 후 30분이 채 지나지 않아서 가방 주인의 부모님으로부터 전화가 왔다. 학습방의 동과 호수를 물어보더니 직접 아이와 함께 가방을 찾으러 왔다. 이렇게 해서 은중이에게 생긴 해프닝은 그날로 종료되었다.

살다 보면 종종 예기치 못한 일이 일어난다. 그때마다 이성을 차려서 문제를 순차적으로 해결하기가 쉽지 않을 수 있다. 이런 일은 아이에게도 흔히 생긴다. 이와 관련해 부모가 놓칠 수 있는 게 있다. 평소 아이의 일거수일투족에 지나치게 관여해 문제 해결 능력을 떨어뜨리는 것이다.

초등학교 2학년인 은중이 엄마도 마찬가지였다. 가방 정리, 숙제 점검, 준비물 등을 엄마가 다 해주고 있었다. 부모는 아이의 일에 적극적으로 개입할 때와 한 발짝 떨어져서 지켜봐야 할 때를 구별해야 한다.

저출생이 사회적 기류가 되다 보니 가정마다 자녀가 하나인 집이 많다. 그러다 보니 아이를 금지옥엽처럼 키우게 된다. 아이에게 모든 것들을 일일이 지시하고 직접 챙기는 것을 사랑인 양 착각하는 부모들이 많다. 또 다른 아이와의 충돌로 자신의 아이가 상처받는 것에 대해 심한 불쾌감을 표현하기도 한다. 이 때문에 아이들 싸움에 부모가 연루되어 나중엔 부모들 싸움으로 번지게 되는 경우도 종종 있다.

지금 우리 아이들에게 진정으로 필요한 것은 바로 '자립심과 독립심'인 것이다. 어떤 결정을 할 때마다 부모에게 허락받고 의존하는 아이로 키울 것인가?

'진정으로 자식을 위한다면 물고기를 잡아 주지 말고 물고기 잡는 법을 가르치라.'는 말이 있다. 그렇다. 아이가 자신의 의지와 주관을 가지고 살아갈 방법을 가르쳐 주어야 한다. 학교나 학원에서 가르치는 것만으로는 턱없이 모자란다.

이런 부족함은 가정에서 메울 수 있어야 한다. 아이가 어른 눈치를 살피지 않고 독립적으로 의사 결정을 해낼 수 있게 하려면 '아이에 대한 부모의 믿음'이 수반되어야 한다. 그 믿음 속에서 아이는 자신감을 갖게 되고, 하고자 하는 의욕을 보이게 된다.

그런 면에 나는 내 어머니께 큰 감사를 드린다. 세 살 때 아버지를 여의어 어머니는 혼자 모든 것을 떠안아야 했다. 젊은 나이에 홀로 오남매를 건사해야 했던 어머니는 고충이 만만치 않았을 것이다. 어머니는 배움에 대한 혜택도 받지 못해서 때론 우리 남매들이 어머니의 눈이 되어야 했다. 막내로 태어난 나는 어머니와 언니 오빠들의 사랑을 듬뿍 받으며 자랄 수 있었다. 시험공부 하느라 늦은 시간까지 불을 켜고 있으면 어머니는 "공부 그만하고 얼른 자라." 하시며 나를 진심으로 아껴 주었다.

지금 생각해 보면 어머니는 자식을 한없는 믿음으로 키웠다. 내가 생각하고 행동하는 것들에 크게 반대한 적이 없었다. 자식에게 무조건적인 믿음을 베풀었다. 세월이 지나 두 아이의 엄마가 되고 보니 헤아려진다. 내 어머니가 얼마나 지혜로웠는지……. 지금은 고인이 되어서 뵐 수 없지만.

딸이 쓴 책이 나와도 함께 기뻐해 줄 어머니는 안 계시지만 지금의 나를 만들어 준 당신은 늘 마음속에 살아 있다.

나는 삶을 나답고 다양하게 만들기 위해 늘 궁리한다. 세상을 적극적으로 바라보는 그런 기질은 생전의 어머니로부터 비롯된 것이다. 그중 무엇보다 가장 큰 힘은 스스로 할 수 있게끔 맡겨 주었던 양육법의 효과가 아니었나 생각한다.

그런 경험을 나는 내 아이에게도 적용한다. 아이가 독립심을 갖고 성장해 가기 위해서는 작은 일부터 큰일까지 스스로 책임져 보도록 시간을 주고 기다려 주는 것이 필요하다. 어렸을 때부터 생활 속에서 접하게 해야 한다.

장난감을 가지고 논 뒤 제자리에 정리하는 것, 엄마 대신 동생을 챙기는 것, 식물에 물을 주고 반려동물을 돌보는 일 등 집안의 작은 임무를 배정해 돕게 하는 것이 그런 일의 출발이다. 처음엔 서툴러서 부모 마음에 들지 않더라도 인내를 갖고 아이에게 기회를 주어야 한다.

노년이 되어서도 부모에게 경제적으로 의지하고 세세한 부분까지 허락받고 일을 처리하는 자녀로 키울 것인가?, 든든하게 의지가 되는 자녀로 키울 것인가? 장기적인 로드맵을 그린 후 양육에 마음을 쓴다면 분명히 경쟁력 있는 아이로 커 갈 수 있으리라 확신한다.

모든 아이는 부모가 생각하는 이상으로 훌륭하게 자랄 수 있다. 어떤 양육법으로 아이를 이끄느냐에 따라 미래가 달라질 수 있다는 것을 명심하자.

부모의 기다림으로
아이의 자존감 근육을 키워라

초보 육아맘 시절 내게 가장 힘들었던 부분은 '기다림'이었다. 학습방을 하고 있어 수행해야 할 과제들이 많다 보니 시간은 금과 같은 존재였다. 그러다 보니 큰아이의 느린 행동에 늘 따라다닌 나의 말은 '빨리빨리'였다.

"시현아, 뽀로로만 보고 있으면 어떡해? 빨리 먹고 유치원 가야지!"

밥 한 숟가락을 입에 넣고 씹을 생각도 않은 채 TV에 넋을 빼앗긴 아이에게 엄마의 인내심은 조급한 마음에 밀리기 일쑤다. 회사 출근이 있는 날, 아이가 유치원 셔틀버스를 놓치게 되면 내 출근까지 비상등이 켜진다. 그러했기에 유치원 버스 승차는 반드시 해야 하는 일이었다.

큰아이는 첫돌이 되어서야 걸었다. 9개월 차, 10개월 차가 되니까 걷게 되는 또래 아이들이 주변에 제법 많았다. 육아책 대로라면 지극히 정상적이었는데 그땐 왜 그리 불안하고 초조했는지 모른다. 첫 아이라서 '태교 독서'도 정말 열심히 했다. 하지만 언어가 늦게 트이는 아이를 보면서 태교 독서를 많이 하면 아이의 지적, 정서적, 언어 능력이 좋아진다는 보편적인 논리도 결코 정답은 아니라는 생각이 들기도 했다. 일반적으로 아이들은 '엄마, 아빠, 물, 사과, 주세요, 밥' 같은 단어로 말하다가 일정 시기가 되면 문장을 구사하게 된다.

큰아이는 단어의 과정은 거의 건너뛰다시피 하고 바로 문장을 말했다. 그동안 초보 육아맘인 나의 마음은 어떠했으랴. '얘가 언어장애가 있나? 병원을 가 봐야 하나?'라는 생각이 들기도 했다.

큰아이 때는 첫 아이여서인지 무의식적으로 집착과 기대를 많이 했지만 둘째를 키우면서는 스스로 많이 여유로워졌음을 느낄 수 있었다. 그래서인지 둘째는 모든 게 예뻤다. 아무거나 잘 먹는 것도, 일찍 걸어 준 것도, 언어가 빨리 틔워 준 것도 고맙고 사랑스러웠다. 일곱 살 무렵엔 앉은 자리에서 학습지 절반을 풀어 버리기에 나는 둘째가 천재인 줄 착각할 정도로 모든 게 신기하기만 했다.

대다수의 초보 맘들에게 어려운 과제는 '기다림'이다. 인지 능력, 지적 능력, 공감 능력, 대인관계 능력, 수리 능력 등의 영역에서 알려주고 투자하는 것만큼 따라오지 못할 때 부모는 불안해한다. 완벽하고자 하는 부모의 욕심이 아이를 지켜봐 주고 기다려 주는 것을 방해하기 때문이다. '좋은 엄마는 완벽한 엄마다.'라는 생각을 내려놓아야 한다.

《기다림 육아》의 이현정 저자는 '평생 아이를 따라다니며 챙겨 줄 것인가, 스스로를 챙기는 힘을 길러 줄 것인가는 부모의 기다림에서 판가름난다.'라고 말한다.

아이가 스스로 할 수 있는 범위를 정해 주고, 그것을 해낼 수 있을 때까지 전적으로 믿고 기다려 주어야 하는 것이 부모의 몫이다. 가까이서 보면 보이지 않고 볼 수 없는 것들도 한 발짝 물러서면 볼 수 있게 된다. 아이의 과정을 격려하고 아낌없이 칭찬해야 한다.

"선생님, 제 방식이 잘못되었다는 것을 이제야 알겠네요."

초등학교 3학년인 화순(여, 가명)이는 외동딸이다. 그 어머니는 상담 과정에서 먼저 본인의 답답한 마음부터 쏟아 냈다. 40대

초반에 어렵게 낳은 딸이다 보니 너무 이쁘고 사랑스러워서 많은 부분을 챙겼다고 한다. 그 때문인지 화순이에겐 스스로 하고자 하는 '자립심'이 결여된 것 같다고 했다. 이제는 50대 중반의 나이라서 친구들과 해외여행도 가고 싶고, 취미도 갖고 싶은데 화순이로 인해 아무것도 할 수 없다고 했다.

"어머니. 지금도 늦지 않았으니 하고 싶은 거 하시면서 즐겁게 사세요. 어머니 안 계시는 동안 아버님한테 맡기고 가셔도 되지 않나요?"

"우리 남편은 헛똑똑이라서 못 믿어요."

"집안일 좀 서툴면 어때요. 도와준다는 게 중요한 거죠. 어머니만큼 완벽히 하기를 바라시면 안 되죠. 그런 마음이면 어머닌 평생 친구들과 여행 못 갑니다."

아이에게 뭐든지 다 해 주는 부모가 좋은 부모, 훌륭한 부모인 것 같아도 그건 잘못된 생각이다. 다 해 주는 부모가 아니라 다 할 수 있게 도와주는 부모가 되어야 한다.

큰아이 어린 시절, 아파트에서 가깝게 지내던 언니가 있었다. 당시 난 언니의 육아 방법이 의아했다. 자장면을 먹고 있는 아이의 얼굴이 엉망이 되었는데도 닦아 주지 않았다. 아이가 끈적거릴 것 같아 보다 못한 내가 닦아 주었더니 언니가 말렸다.

"뭐 하러 그래? 먹으면서 또 묻을 텐데. 다 먹고 닦아 주면 돼."

언니는 딸이 신발의 좌우를 바꿔 신어도 내버려 두었다.

"왼발과 오른발을 잘못 신어서 불편한 줄 알아야 제대로 신는 방법을 터득해."

언니는 아이들에게 뭐든 경험하게 해주었고, 스스로 느낄 기회를 주는 식이었다. 그분의 두 아이는 자라면서 영재 진단을 받았고, 지금은 금융과 교육계에서 일하고 있다.

육아하면서 가장 중요한 일은 '기준'을 세우는 것이다. 다른 사람들의 육아관을 참고하는 기준이 아니라 내 아이에게 맞는 맞춤식 기준이어야 한다. 그래야만 아이가 조금 늦더라도 기다릴 수 있고, 실수하더라도 웃으며 어깨를 두드려 줄 수 있는 여유가 생긴다.

엄마의 기다림은 내 아이에게 든든한 백그라운드가 되고, 스스로 할 수 있는 근력을 갖게 한다. 자기가 하고자 하는 일을 성취해 보람을 느낄 때 아이들의 자존감 근육 또한 탄탄해진다는 것을 잊지 말자.

아이의 강점 찾기로 긍정지수를 높여라

사람은 누구든 몇 가지 천재성을 갖고 태어난다. 공부를 잘하는 재능, 운동 감각이 좋은 재능, 손재주가 좋은 재능, 악기를 잘 다루는 재능, 미적 감각이 뛰어난 재능 등 다양한 재능들이 그것이다.

공부 재능이 없는 아이에게 '이렇게 하면 좋아지겠지.' 하면서 사교육비로 엄청난 투자를 한다. 이로 인해 다른 재능들은 발굴되지도 못한 채 사장되는 경우가 허다하다. 반면 지혜로운 엄마들은 이것을 빨리 알아차리고 아이의 재능 물줄기가 잘 돌아 나갈 수 있도록 물꼬를 터 주는 역할을 한다.

"선생님, 우리 애는 도대체 뭘 잘할 수 있을까요? 뭘 하게 해야 할지 모르겠어요. 공부는 아닌 것 같고……. 중학생이 되어서도 아니다 싶으면 특성화고 보내서 기술이나 배우게 해야겠어요."

아이의 진로에 대해서 고민하던 학부모가 한 말이다. '이거 아니면 저거다.'라는 흑백 논리는 아이들의 재능을 찾아 주는 것이라 할 수 없다. 아이들과 대화를 하다 보면 꿈은 다양하게 나온다.

"준수는 커서 어떤 일을 하며 살고 싶어?"

"저는요. 첫 번째 되고 싶은 거는 크리에이터이고요. 두 번째 되고 싶은 거는 축구선수예요."

"선생님, 저는 검사도 되고 싶구요. 축구선수도 되고 싶고, 수의사도 되고 싶어요."

17년째 교육업을 하면서 아이들의 꿈을 물어보면 빠지지 않고 나오는 직업이 검사, 의사, 교사, 운동선수다. 최근 들어 한 가지 달라진 게 있다면 '유튜브 크리에이터'가 새롭게 등장했다는 것이다.

초등학생들의 희망 직업 순위

2018년	2019년
1. 운동선수	1. 운동선수
2. 교사	2. 교사
3. 의사	3. 유튜버
4. 요리사	4. 의사
5. 인터넷방송 진행자 (유튜버)	5. 요리사
6. 경찰관	6. 프로게이머
7. 법률 전문가	7. 경찰관
8. 가수	8. 법률 전문가
9. 프로게이머	9. 가수
10. 제과, 제빵사	10. 뷰티 디자이너

(자료: 교육부)

아이들이 어렸을 때부터 뭘 좋아하는지, 어떤 걸 하면 싫증 내지 않고 재미있게 하는지, 어떤 쪽에 소질이 있는지 주의 깊게 관찰할 필요가 있다. 잘하는 것과 좋아하는 것은 같을 수도 있고, 다를 수도 있기 때문에 세심한 통찰을 가져야 한다. 잘하는 것은 강점이라 할 수 있는데, 그런 것을 인정하고 키워 줄 수 있을 때 아이들의 자존감 근육 또한 저절로 자라게 된다.

대부분의 부모는 자신의 아이에 대해 잘 안다고 생각하지만 부족한 부분만 집중적으로 알고 있는 경우가 많다. 타고난 강점을 살리기 위해서는 부모가 아이를 바라보는 시각부터 바꿔야 한다. 그러려면 부모에게도 특별한 전략이 필요하다.

다음 테스트를 통해 아이의 강점을 기반으로 양육하는 부모인지 아닌지 생각해 보는 시간을 가져 보자. 이를 통해 이미 잘하고 있는 영역을 더 견고히 할 수 있고, 노력이 필요한 영역은 제대로 파악할 수 있기 때문이다. 《똑똑한 엄마는 강점 스위치를 켠다》(리 워터스 지음)라는 책에 나오는 테스트법이다.

■ 나는 아이의 강점을 기반으로 양육하는 부모일까?

◯ 1단계 - 각 문장을 읽고 가장 근접한 답을 선택해 보라

1	2	3	4	5
전혀 그렇지 않다.	그렇지 않은 편이다.	중간 정도다.	그런 편이다.	전적으로 그렇다.

1. 나는 자녀의 강점(개성, 능력, 재능, 기술 등)을 쉽게 발견한다.

2. 나는 자녀가 어떤 활동을 좋아하는지 안다.

3. 나는 자녀에게 어떤 강점이 있는지 찾아내기가 쉽지 않다.

4. 나는 자녀가 무엇을 잘하는지 안다.

5. 나는 자녀의 주요 강점을 제대로 인지하고 있다.

6. 나는 무엇이 자녀의 활기를 북돋우는지 안다.

7. 나는 자녀가 잘하는 것을 쉽게 파악할 수 있다.

8. 나는 자녀에게 자신의 강점을 활용할 기회를 주기적으로 준다.

9. 나는 자녀가 잘하는 것을 할 수 있도록 격려한다.

10. 나는 자녀에게 자신의 강점을 활용할 수 있다고 말해 준다.

11. 나는 다양한 상황에서 강점을 활용하는 방법을 자녀에게 적극적으로 알려 준다.

12. 나는 자녀가 좋아하는 일을 하도록 격려한다.

13. 나는 자녀가 자신의 강점을 활용하는 데 도움이 될 방법들을 생각한다.

14. 나는 자녀가 활력을 느끼는 활동을 하도록 격려한다.

○ 2단계 - 설명에 따라 점수 계산하기

• 자녀의 강점 발견 영역

먼저 1번부터 7번까지 질문에 체크한 대답에 매긴 점수를 모두 합한다. 단 3번에 매긴 점수는 반대로 바꾼다. 가령 5점이면 1점, 2점이면 4점으로 바꾸고 3점은 그대로 한다.

질문	점수
자녀의 강점 발견 영역의 전체 점수	( )/35

- 자녀의 강점 강화 영역

  8번부터 14번까지 질문에 체크한 매긴 점수를 모두 합한다.

질문	점수
자녀의 강점 강화 영역의 전체 점수	( )/35

- 합산 점수

  두 영역의 점수를 더하여 합산 점수를 산출한다.

◯ **3단계 - 점수 해석**

- 14~27점: 강점 기반 양육 방식을 잘 쓰지 않는 유형

  이 점수가 나와도 걱정할 필요는 없다. 부모들은 대부분 강점에 초점을 맞추는 방법을 배우지 못했다. 매일 자녀의

강점에 조금씩 맞춘다면 자녀와 긍정적인 관계가 형성될 것이다.

- 28~41점: 강점 기반 양육 방식을 보통 수준으로 쓰는 유형

  강점 기반 양육 방식을 쓸 수 있는 바탕이 마련되어 있고 이 방식을 더 깊이 활용할 준비가 되어 있다.

- 42~55점: 강점 기반 양육 방식을 잘 쓰는 유형

  강점 기반 접근법의 이점들을 이미 알고 있다. 이 방식을 계속 활용하면서 더 발전해 나가자.

- 56~70점: 강점 기반 양육을 완벽하게 쓰는 유형

  이미 강점에 초점을 맞춘 양육을 하고 있는 부모다. 앞으로도 죽 이 길을 걸어가길!

'자녀가 뭘 좋아하는지, 뭘 할 때 행복해하는지, 무엇을 잘하는지' 물었을 때 석연찮게 대답하는 부모들이 많다. 미안하지만 부모로서 노력을 해 줘야 하는 부분이다. 누구보다도 가장 가까운 곳에서 아이를 양육하고 있기 때문에 가장 잘 파악하고 있어

야 한다.

　감정 표현이 분명하고 자기주관이 뚜렷한 아이들은 확실하게 의사를 표현한다. 하지만 그렇지 않은 아이들은 비언어적으로 표현한다. 아이의 강점을 살피는 일은 자존감 근육을 갖게 하는 가장 빠른 길이기도 하다. 아이의 강점을 찾기 위한 예시를 소개한다.

■ 강점 목록표

　※표에서 '내 아이는'은 부모용, '나는'은 자녀용(초등 3~6학년 대상)이다.

내 아이(나)는 친절하다.	내 아이(나)는 수학을 잘한다.
내 아이(나)는 멋지다.	내 아이(나)는 창의적이다.
내 아이(나)는 다른 사람들의 말을 잘 들어 준다.	내 아이(나)는 예쁘다.
내 아이(나)는 자신의 마음을 잘 안다.	내 아이(나)는 인내심이 많다.
내 아이(나)는 참을성이 좋다.	내 아이(나)는 가족을 사랑한다.
내 아이(나)는 그림을 잘 그린다.	내 아이(나)는 만들기를 잘한다.
내 아이(나)는 노래를 잘 부른다.	내 아이(나)는 이야기를 잘한다.

내 아이(나)는 춤을 잘 춘다.	내 아이(나)는 정리를 잘한다.
내 아이(나)는 스스로 옷을 잘 찾아 입는다.	내 아이(나)는 실망하지 않는다.
내 아이(나)는 잘 웃는다.	내 아이(나)는 다른 사람을 잘 도와준다.
내 아이(나)는 인사를 잘한다.	내 아이(나)는 책을 잘 읽는다.
내 아이(나)는 밥을 맛있게 잘 먹는다.	내 아이(나)는 높은 곳에서 뛰어 내릴 수 있다.
내 아이(나)는 게임을 잘한다.	내 아이(나)는 달리기를 잘한다.
내 아이(나)는 운동(태권도, 축구, 야구 등)을 잘한다.	내 아이(나)는 누나, 동생과 잘 논다.
내 아이(나)는 설거지를 잘한다.	내 아이(나)는 가족(엄마, 아빠, 형제자매)을 사랑한다.
내 아이(나)는 자기(내) 마음대로 할 줄 안다.	내 아이(나)는 말 안 하고 한 시간 정도 있을 수 있다.
내 아이(나)는 질서를 잘 지킨다.	내 아이(나)는 거짓말을 거의 하지 않는다.
내 아이(나)는 건강하다.	내 아이(나)는 공부 빼고 다 잘한다.
내 아이(나)는 남의 물건을 훔치지 않는다.	내 아이(나)는 텔레비전에 나오는 주인공을 잘 안다.
내 아이(나)는 하기 싫은 일도 꾹 참고 한다	내 아이(나)는 가급적 학원을 빠지지 않는다.
내 아이(나)는 저축한 돈이 많다	내 아이(나)에게는 존경하는 사람이 있다.

내 아이(나)에게는 좋아해 주는 친구들이 있다	내 아이(나)는 자신을 사랑한다.
내 아이(나)는 자신을 자랑스럽게 생각한다.	내 아이(나)는 잘하는 것이 무척 많다고 생각한다.
내 아이(나)는 실패해도 다시 도전한다.	내 아이(나)에게는 하고 싶은 일이 있다.
내 아이(나)는 꿈이 있다.	내 아이(나)는 상상력이 풍부하다.
내 아이(나)는 화를 잘 참는다.	내 아이(나)는 입술을 움직이지 않고 말할 수 있다.
내 아이(나)에겐 개인기가 있다.	내 아이(나)에게는 리더십이 있다.
내 아이(나)는 힘이 세다.	내 아이(나)는 형이나 동생이 짜증나게 해도 참을 줄 안다.
내 아이(나)는 남들이 하지 않는 일을 한 적이 있다.	내 아이(나)는 수업 시간에 졸지 않는다.
내 아이(나)는 엄마가 화를 내도 가출하지 않는다.	내 아이(나)는 한 발 서기를 오래 할 수 있다.
내 아이(나)는 혼자서 멀리 갈 수 있다.	내 아이(나)는 머리감기나 목욕을 혼자 할 수 있다.
내 아이(나)는 수업에 지각하지 않는다.	내 아이(나)는 교육 프로그램에 한 번도 빠지지 않았다.
내 아이(나)는 지루한 수업도 잘 참여한다.	내 아이(나)는 선생님의 재미없는 이야기에도 잘 웃어 준다.
내 아이(나)는 못생긴 사람과도 잘 지낼 수 있다.	내 아이(나)는 가위질을 잘한다.
내 아이(나)는 산 정상까지 오른 적이 있다.	내 아이(나)는 노력해서 좋은 시험 성적을 받은 적이 있다.

내 아이(나)는 노력형이다.	내 아이(나)는 거북형 인간이다.
내 아이(나)는 제자리멀리뛰기를 잘한다.	내 아이(나)는 약한 사람들을 도와 준 적이 있다.
내 아이(나)에게 잔소리하는 엄마의 말을 못 들은 척 할 수 있는 능력이 있다.	내 아이(나)는 남의 마음을 잘 안다.
내 아이(나)는 컴퓨터를 잘한다.	내 아이(나)는 얼굴만 보고도 그 사람의 기분을 잘 안다.
내 아이(나)는 동물이나 식물을 잘 돌본다.	내 아이(나)는 악기를 잘 다룬다.(피아노, 기타, 바이올린, 첼로, 단소, 가야금 등)
내 아이(나)는 어른들께 좌석(버스, 지하철) 양보를 잘한다.	내 아이(나)는 할머니, 할아버지와 잘 지낸다.
내 아이(나)는 재미있는 놀이를 잘 만들어 낸다.	내 아이(나)는 주변 사람들을 웃기는 재주가 있다.
내 아이(나)는 자기주장이 강하다.	내 아이(나)에게는 남에게 없는 특별한 능력이 있다.
내 아이(나)는 종교 활동을 열심히 한다.	내 아이(나)는 관찰력이 뛰어나다.

아이들에게 자신의 강점을 찾으라고 하면 힘들어하는 경우가 많다. 막연하기도 하고 자신이 가진 것 중에 뭐가 강점인지 몰라서 못 찾기 때문이다. 아이들에게 논술 수업을 하면서 위의 예시를 참고해 찾게 해 보았더니 굉장히 행복해하는 모습을 볼 수 있었다.

"선생님, 제가 이렇게 많은 강점을 가지고 있었네요. 저 대단한 사람이네요."

"선생님, 저는 공부만 빼고 다 잘해서 크면 할 게 많겠어요."

"선생님, 제가 가진 강점들을 더 사랑해야겠어요."

'강점 찾기' 활동을 마치며 아이들에게 들었던 소감들이다. 하루에 한 가지씩 아이의 강점 찾기 활동을 하면서 아이가 잘 볼 수 있는 곳에 붙여 매일 한 번씩 읽게 하자. 아이 스스로 자신에 대한 긍정적인 이미지를 내면화할 수 있도록 부모가 도와주는 방법이다. 이를 통해 아이 내면의 긍정지수를 높여 보자.

제4장

자녀와의 행복한 대화

아이의 '자기 긍정감'을
기르는 5가지 방법

　우리가 원하는 행복은 그 어떤 문제도 일어나지 않는 삶이 아니다. 그보다는 닥친 상황에서 어떤 마음가짐을 유지하느냐가 훨씬 사람다우며, 그것이 행복을 결정짓는 기준이라고 생각한다.

　'자기 긍정감이 높은 사람은 주변에서 일어나는 일들을 밝은 눈으로 보며 불안감이나 무력감에 빠지지 않는다. 반면 자기 긍정감이 낮은 사람은 '나는 쓸모없는 사람이야.', '이런 내가 어떻게 잘 살아갈 수 있겠어?'라는 부정적인 감정에 쉽게 휩싸인다.' —일본 최고의 관계심리 전문가 미즈시마 히로코의 《자기 긍정감을 회복하는 시간》 중에서.

자기 긍정감이란 지금 있는 그대로의 자신을 인정하고 긍정적으로 생각하는 것을 말한다. 흔히들 '자신감'이라는 말로 표현하기도 한다. 자기 긍정감이 높은 아이는 무언가를 이루려는 마음이 강하다. 고민이나 불안, 슬픔과 괴로움을 느끼더라도 스스로 회복하려는 힘(회복 탄력성)이 크다. 장애 앞에서도 유연한 대처력을 갖고 자신을 솔직하게 표현하기에 주변에 친구들도 많다.

또한 어떤 환경에 처하든 앞으로 적극적으로 나아가려고 하는 추진력이 있다. 이러한 주도적인 과정 속에서 '생각하는 힘'은 자연스레 만들어지게 된다. 생각하는 힘은 자기 긍정감이라는 영양분을 먹고 자란다. 자동차엔 연료가, 자전거 바퀴엔 공기가 필요한 것과 같다.

내 아이가 행복한 삶을 사는 데 반드시 가져야 할 자기 긍정감은 어떻게 기를 수 있는지 가정에서 엄마가 할 수 있는 방법에 대해 정리해 보았다.

1. 일상 속에서 아이와 많은 대화를 한다

아이가 어릴 때 친구들 생일파티에 더러 부모 동행으로 초대받아서 간 적이 있다. 또래를 키우고 있는 다른 집을 들여다볼 수 있는 흥미로운 기회였다.

가 보면 '대화가 많은 가정의 아이와 그렇지 않은 가정의 아이'를 바로 알아볼 수 있다. 음식이 나와도 많은 말을 하지 않고 "네.", "아니오." 두 단어만 말하는 아이가 있는가 하면 쉴 새 없이 엄마와 이야기를 나누고 엄마 입에 음식을 넣어 주는 아이가 있다.

아이와는 평소 대화를 많이 나누는 게 정서적으로도 좋다. 대화를 통해 아이는 '내가 사랑받고 있구나.'라고 느끼면서 부모와의 애착 관계를 형성해 간다.

2. 부모는 아이에게 부정적인 말을 하지 말아야 한다

부모는 자식에게 대가를 바라지 않은 조건 없는 사랑을 주어야 한다. 우리 부모님이 그러하셨듯 우리도 내리사랑을 베풀어야 한다. 부모의 일시적인 감정으로 인해 "너는 왜 늘 이 모양이니?", "넌 늘 이런 식으로 될 일도 안 되게 하는 재주가 있는 아이구나.", "똑바로 할 줄 아는 게 도대체 뭐니?", "정말 구제불능이구나." 등의 말들로 아이의 존재 자체를 부정해서는 곤란하다.

'나는 엄마 아빠에게 아무런 도움도 안 되는 사람이구나.'라는 생각을 갖게 되면 아이의 자긍감은 떨어지고 우울증까지 느끼게 될 수 있다. 훈육할 때도 단호함을 보여야 하며 감정적으로 소리를 지르거나 무분별한 체벌은 삼가해야 한다.

혼을 낼 때는 이유도 분명하게 설명해 주어야만 아이는 똑같은 행동을 반복할 확률이 줄어든다. 아이가 납득할 수 있는 훈육이어야 부모를 신뢰하게 된다.

3. 아이의 단점을 고치려 하지 말고 장점을 기르게 한다

"우리 아이는 목소리가 지나치게 커서 공공장소 같은 데 가면 부끄러워 죽겠어요. 집에서도 어찌나 크게 말하는지……."

어떤 어머니에겐 아이의 큰 목소리가 단점으로 보이는가 하면, 어떤 어머니에겐 부러움의 대상이 되기도 한다.

"선생님, 우리 아이는 누굴 닮아서 목소리가 저렇게 기어들어 가는지 모르겠어요. 누가 뭘 물으면 큰 소리로 대답해야 하는데 답답해 죽겠어요. 스피치 학원을 보내야 할까요?"

이렇듯 저마다 가진 여건에 따라 단점이 장점이 되기도 하고 장점이 단점이 되기도 한다.

사람은 듣기 싫은 말을 자꾸 하면 불쾌지수가 올라간다. 아이도 다르지 않다. 단점을 고치려고 지적하는 에너지의 양보다 장점을 더 하게끔 북돋는 에너지의 양이 더 적게 들 뿐 아니라 결과를 내는 데도 더 효율적이다.

아이의 단점을 지적하려 들지 말고 장점을 더 잘할 수 있도록 격려하고 칭찬해 주자. 가령 목소리는 크지만 동물을 아끼는 아이라면 "너는 동물을 배려할 줄 아는 아름다운 마음이 있어서 최고야!"라고 말하자. 아이의 자긍심을 높이는 좋은 방법 중 하나다.

4. 아이가 스스로 결정할 수 있게 한다

"우와! 새 옷 샀네? 이쁘다! 성희한테 잘 어울린다. 엄마가 이쁜 거 사 주셨네."

"선생님, 저는 이 옷 마음에 안 들어요. 이렇게 꼬불꼬불 레이스 들어간 옷은 싫어요. 제가 공주도 아니고, 촌스럽게 이게 뭐예요. 엄마가 이거 아니면 안 된다 해서 가만히 있었어요."

입는 옷조차 자기 의견대로 못하는 아이들을 볼 때면 씁쓸하다. 요즈음은 '결정장애'를 겪는 아이들이 의외로 많다. 어려서부터 부모가 해주는 것, 시키는 것에만 익숙해진 아이들은 '아무거나.', '둘 다.'라는 말을 자연스러운 일상 언어로 사용하고 있다.

사소한 거라도 아이에게 결정하게 하고, 자신의 선택에 대해서는 책임질 수 있도록 도와야 한다. 스스로 결정했다는 것에 아이는 보람을 느끼게 되고, 자기 긍정감 또한 올라가게 된다.

5. 아이의 감정이 폭발했을 때는 기다려 주자

인간이라면 누구나가 부정적인 감정을 폭발해야 할 때가 있다. 이성적인 능력을 충분히 갖추지 못한 아이들에게 더 자주 일어나는 현상이다. 그럴 때마다 부모가 화를 내면 안 된다.

"이 녀석이 어디 어른 앞에서 건방지게 짜증이야! 너 혼날래?"

"엄마 미워!"

흔히 보는 장면이다. 그러나 엄마의 다그침은 오히려 역효과를 내게 된다.

아이의 분노가 사그라들면 "어머, 우리 희준이한테 짜증 씨가 온 거구나. 다음번에 또 짜증 씨가 오면 어떻게 해야 할까? 오늘처럼 큰소리 내지 않는 다른 방법이 있을까?"라고 말하면서 아이와 함께 대책을 생각해 보자. 이런 일을 반복하면서 아이는 있는 그대로의 자신을 받아들이고, 스스로 감정을 조절할 수 있게 된다.

아이에게 나타나는 다양한 감정은 자연스러운 것이므로 그것을 적절히 표출할 수 있도록 도와야 한다. 그러면 아이는 자긍심을 느끼고, 뭐든 열심히 해 보려는 도전 정신을 갖게 된다.

엄마는 자녀에게 롤모델이다

자신이 가진 성품에 향기를 더해 '이게 나다.'라고 세상을 향해 당당히 말할 수 있는 용기! 힘든 일을 만나더라도 '괜찮아. 신은 내가 감당할 수 있는 만큼의 시련을 준다고 하셨어. 분명 이 고난은 나를 더욱 성장시키는 밑거름이 될 거야. 이 또한 지나갈 테니 힘내자!'라며 나를 다독일 수 있는 여유는 바로 '건강한 자존감'에서 나온다.

자존감을 당당히 하는 건 부모가 먼저다. '용장 밑에 약졸 없다.'는 말이 있듯 부모를 보고 아이도 따라 한다. 바로 따라 하지 않더라도 굉장한 영향을 준다. 그런 까닭에 부모부터 그렇게 살고 있는지 돌아봐야 한다. 자존감은 남이 키워 주는 것이 아니라 내가 키워 가야 하는 것이므로.

부모인 나는 과연 어떻게 살고 있는지 돌아보자. 아래는 아이의 자존감을 위해 부모가 먼저 마음 써야 할 일들이다.

첫째, 만나는 사람들을 살펴서 만나야 한다

남이 잘되면 배 아파서 안달이 나는 사람, 남의 말하기 좋아하는 사람, 매사에 부정적인 말을 달고 사는 사람, 상대의 말에 꼬투리를 잡고 격려보다는 비난을 일삼는 사람 등은 가급적 거리를 둘 필요가 있다. 그런 사람을 만나다 보면 내가 가지고 있는 에너지까지 빼앗기게 된다.

둘째, 배우는 것을 멈추지 않는다

'배운다'는 행위는 마치 나에게 영양가 높은 음식을 선물하는 것과 같다. 배움을 통해 나의 장점, 좋아하는 것, 특기, 싫어하는 것, 취미 등을 발견할 수 있다. 또 잘하는 것은 더 잘하게 되고 부족한 것은 채울 수 있게 되어 매일 성장해 가는 자신을 느낄 수 있다.

한 지인은 자녀가 어릴 때 수공예 분야를 5년간 배우면서 꾸준히 손에서 놓지 않았다. 그러다 아이들이 중학생이 되어 조금 여유가 생기자 자그마한 공방을 차렸다. 지금은 공방 운영과 함께 평생교육원에 나가 강의를 하는 삶을 살고 있다.

지치지 않고 오랫동안 할 수 있는 일을 찾아서 배우는 것은 삶을 건강하게 한다.

셋째, 지역사회를 위해 봉사한다

사회적 동물인 인간은 남과 도움을 주고받으며 산다. 무인도에 가서 살지 않는 한 먹거리, 의복, 교통, 정보 활용 등 모든 면에서 누군가의 역할이 개입되지 않는 것이 없다. 세상에서 혼자서 할 수 있는 일은 '숨쉬기' 정도뿐일 것이다. 그마저도 병들어 자가 호흡이 어려울 땐 기구의 도움을 받아야 하겠지만.

자신이 가진 것, 누리고 있는 것에 대해 감사함을 잊지 말아야 한다. 이런 감사를 주변 이웃과 나눌 수 있어야 한다. 봉사를 통해 나에 대한 자긍심을 갖게 되고, 나도 누군가에게는 필요한 존재라는 생각을 할 수 있게 된다.

넷째, 한 달에 한 번은 나를 위해 보상하자

한 달을 잘 보낸 나에게 예쁜 옷이나 필요한 물건을 선물하거나 근사한 레스토랑에 가서 나를 위한 맛난 음식을 먹자. 낭비는 옳지 않지만 너무 궁상떨지 말고 가끔은 자신을 위한 이벤트도 필요하다. 생활에 활력을 주는 일이다.

다섯째, 나의 존재를 가족과 주변인들에게 수시로 알리자

SNS 활용이 제일 손쉬운 방법일 수 있다. 맛있는 음식을 먹거나 여행 사진만 올리지 말고 내적으로 변화되어 가는 모습을 그때그때 올리게 되면 나의 역사물 보관함이 될 수 있다. SNS 활동을 통해 취향이 비슷한 사람을 만날 수도 있다. 진정성 있는 댓글로 공감을 나누다 보면 생활에 활력도 된다.

우리는 매일 똑같은 일상을 반복하며 산다. 어제의 삶이 오늘이고, 오늘의 삶이 내일이 되는 무미건조한 패턴을 충실히 이행한다. 그러나 그것만으로는 잘사는 게 아니다. 발전이 없는 일상은 거부해야 한다. 대단한 걸 시도하라는 건 아니다. 새로이 좋은 습관 하나만 실천해도 놀라운 변화가 일어나게 된다.

나는 새벽 5시 기상이라는 습관을 삶에 세팅하게 되면서 그 시간을 집중해서 나를 위해 쓸 수 있게 되었다. 독서량도 늘었다. 새벽 기상이라는 습관은 매일매일 성장해 가는 나를 만들어 주고 있다. 이렇듯 변화하고자 마음만 먹는다면 얼마든지 자신을 원하는 대로 바꿔 갈 수 있다.

무궁무진한 우리 자신의 모습이 궁금하지 않은가? 평범한 일상에서는 절대 볼 수 없다. 새로운 환경에 노출되었을 때라야 또 다른 자신의 모습을 발견할 수가 있게 된다. 새롭게 변화되어 가고 달라져 가는 자신을 스스로 느낄 수 있을 때 나의 '자존감'은 세상에 하나밖에 없는 유일무이한 나만의 옷이 된다. 그러한 옷을 디자인해 보고 싶지 않은가?

오랜 기간 깊고 깊은 지하에 갇혀 있었던 '나'를 이제는 불러내자. 엄마의 이런 모습들은 그대로 내 아이에게 전해진다.

엄마가 사용하는 말투, 제스처, 심지어 팔자걸음까지 자녀가 닮아 간다. 아이는 '나의 복제인간'이다. 20~30년 전만 해도 현모양처(賢母良妻)라는 말이 여성들에겐 최고의 찬사어였다. 이는 1875년 일본의 교육자인 나카무라 마사나오가 창안한 단어다. 임신과 출산을 여성의 의무로 간주하고 '슬기로운 어머니이자 좋은 아내'라는 뜻으로 여성들의 사회적 활동을 조종하기도 했었다.

하지만 이제는 시대가 바뀌어 여성들의 사회활동이 늘고 남성과 동등한 위치에서 가정과 사회에서 중요한 한 축을 담당하고 있다. 그렇다면 여권 주장만이 아니라 사회 구성원으로서의 역할과 능력도 당당히 보여주자. 그중의 하나는 당당한 자존감을 내 아이에게 선물하는 일이다. 엄마라는 이름 안에 있는 능력을 보여줘야 하지 않을까?

내 아이를 위한 최고의 선물은
'엄마 자존감'이다

　엄마 자신의 '자아'를 다 버리고 오직 자녀만을 위해 헌신하며 살아왔던 A씨. 자식에게 흙수저라는 소리를 듣게 하고 싶지 않아서 정작 자신은 먹고 싶은 것, 입고 싶은 것, 갖고 싶은 것을 참아 가며 아들을 유학까지 보냈다. 그러나 A씨의 아들은 화려한 스펙에도 불구하고 취업난을 뚫지 못해 수년째 아르바이트 인생을 살고 있다.

　A씨에게 자신의 이름 석 자는 남아 있지 않았다. 누구의 엄마라는 호칭만이 있을 뿐이다. 아들의 인생이 잘 안 풀리다 보니 A씨는 대인기피증까지 생겼다. A씨의 삶을 남의 일이라고만 볼 것인가?

주변을 둘러보면 A씨 같은 엄마들이 비일비재하다. 자녀가 잘되면 같이 행복할 거라고 생각하는 부모들이 있다. 딱히 내세울 것 없는 자신의 삶을 보며 아이만큼은 보란 듯이 잘 가르쳐서 부모의 명예까지 세워 주기를 바라는 사람들이다.

'2세의 성공은 곧 나의 성공이다.'라는 믿음으로 자녀만 쳐다보면서 사는 부모들이 적지 않다. 그런데 자녀에게 지나치게 집착하는 부모일수록 자존감이 낮을 확률이 크다. 자신을 돌보고 미래에 대해 투자하는 것을 사치라 여기고, 자신의 시간보다 자녀의 시간을 더 중요하게 생각해 모든 것을 오롯이 바치는 부모들이다.

그러니 부모의 자존감이 설 자리가 없다. 정말 버려야 할 태도다. 아이들은 오히려 엄마가 자신의 일을 갖고 엄마 자신의 행복을 찾아가는 것을 더 좋아한다. 관심을 온통 아이에게만 둘 게 아니라 시간 배정에서부터 엄마 몫, 자녀 몫으로 나누어 쓸 수 있도록 해야 한다.

"선생님, 저는요. 우리 엄마가 직장에 다녔으면 좋겠어요. 친구들 엄마들은 일하는 사람이 많아요."

초등 2학년생인 성훈(남, 가명)이가 이렇게 말했다.

"성훈이는 왜 그렇게 생각해?"

"엄마가 일 다니면 내가 좋아하는 거 다 사 줄 수 있잖아요. 그리고 엄마가 일하러 다니면 옷도 멋있게 입고, 또 이뻐지잖아요. 우리한테 잔소리도 덜 하고……. 아빠도 엄마한테 일하러 가라고 했는데요. 엄마는 알았다고만 해요. 우리한테 TV 보지 말라면서 엄마가 제일 많이 봐요. 컴퓨터로 고스톱 치고. 우리 엄마가 좀 멋있었으면 좋겠어요."

'초등학교 2학년생이 무엇을 알겠나?'라고 생각할지 모르나 요즘은 부모가 속단하는 그 이상인 아이들이 많다. 자신의 문제에 대한 해답을 스스로 구할 줄 아는 능력도 있다. 도덕적으로 판단하는 능력도 뛰어나다. 부모들만 모를 뿐이다. '일하는 엄마상'에 대한 자신의 생각을 정확하게 표현해 내는 성훈이에게 적잖이 놀랐다.

성훈이와 나눈 대화를 성훈이 어머니에게 조심스럽게 귀띔해 주었다.

"우리 성훈이가 그런 얘기까지 하던가요? 못 말리는 아이네요. 저도 일을 해야겠다는 생각에 여기저기 인터넷으로 찾아보았는데 할 만한 일이 별로 없더라고요. 식당 종업원, 카운터 계산원 말고는 나와 있는 일이 없어서 저도 고민이에요."

단순직보다는 전문직이 괜찮겠다는 생각이 들어 성훈이 어머니께 '고용지원센터'에 문의해 볼 것을 권했다. 고용지원센터에서는 취업 알선, 직업 정보 제공, 직업 교육 등 일자리 문제에 대한 서비스를 제공해 주기 때문이다.

직업을 갖다 보면 힘든 점도 있지만 장점이 더 많다. 사람들과의 관계를 통해 사회적인 흐름을 파악할 수 있고 좋은 정보도 얻을 수 있다. 자신에게 부족한 부분, 채워야 할 부분을 객관적으로 살펴볼 수 있다. 열심히 새로운 꿈을 향해 달리는 사람들을 보며 자극도 받게 된다. 그러다 보면 나의 꿈을 점검하게 되고 없었던 꿈을 만들게 되기도 한다.

요즘은 재택근무 형태의 일도 늘고 있다. 찾기 나름이고 만들기 나름인 것이다. 재택근무에 컴퓨터 능력이 필요하다면 국비 지원을 받아 무료로 배울 수 있는 곳도 많다. 정말 하기 나름이다. 일을 하게 되면 사회적인 시야가 넓어져 자녀에게 집착하는 정도도 현저히 줄어들게 된다.

무언가에 대해 집착한다는 것은 숲은 젖혀 둔 채 나무만 보는 것과 같다. 자녀의 공부에 부모들이 집착하는 것도 '공부를 못하면 인생의 낙오자가 된다.'는 의식이 너무 크기 때문이다. '공부는 비록 못하지만 나는 우리 아이가 사회 구성원으로서 중요한 역할을 할 거라고 믿어. 공부가 인생의 최대 목표는 아니니까.'라고 생각하며 자녀의 미래를 믿어 주자. 나아가 자녀가 행복해할 수 있는 것을 지원해 준다면 혈연으로서의 엄마를 넘어 멘토로서의 훌륭한 역할도 할 수 있을 것이다.

그런 엄마가 어찌 자존감이 낮겠는가. 엄마의 자존감이 높아야만 아이를 좀 더 여유 있게 바라볼 수 있고 자존감이 높은 아이로 키울 수 있다. 아이의 자존감이 높으면 자신이 가진 재능을 다 쓸 수 있고 당당하고 행복한 자신의 삶을 채워 갈 수 있다.

아이를 지나치게 다그치고 협박하며 남들이 하는 대로 밀고 나간다는 건 엄마의 자존감이 낮기 때문이다. 낮은 자존감으로 인해 엄마의 불안감은 증폭되고 결국 그 영향은 아이들에게 고스란히 전해지게 된다.

자녀가 지나치게 말도 안 듣고 사고만 친다며 근심과 걱정으로 하루하루를 보내고 있지는 않은가? 모든 문제 해결의 근원은 부모에게 있다. 그중에서도 아이와의 대면 시간이 아빠보다 긴 엄마의 자존감이 낮다면 사태는 더 악화될 수 있다.

아이를 다그치기 이전에 엄마부터 먼저 자신의 일과 생활에 프로페셔널한 면모를 보이고 밝은 에너지를 내뿜는다면 자녀에게도 자연스럽게 전파되어 닮게 된다. 이른바 '나비효과'를 낼 수 있다.

나비효과란 1961년 미국의 기상학자 에드워드 로렌츠가 기상 관측을 하다가 떠올린 말이다. 중국 베이징에 있는 나비가 날개를 한 번 퍼덕인 것이 대기에 영향을 주고 이 영향이 시간이 지나면서 증폭되어 나중에는 미국에 허리케인을 일어나게 할 수 있다는 것을 빗댄 표현이다. 이후 '작은 사건 하나에서 엄청난 결과가 나올 수 있다.'는 뜻으로 나비효과라는 말을 쓰게 되었다.

　엄마가 변하면 아이가 변하고 아이가 변하면 한 가정이 변하게 된다. 그러므로 이 세상의 모든 엄마는 자녀 양육에 사명감을 가져야 할 필요가 있다. 자녀 양육을 잘하기 위해서는 자신의 자존감을 점검하고 그것을 위해 의지를 내야 한다. 내 아이를 위한 최고의 선물 중 하나는 '엄마의 자존감'이기 때문이다.

할 수 있는 아이로 만드는 '버츄' 미덕

"괜찮아. 충분히 그럴 수 있어. 너에겐 따스함이라는 보석이 있잖아. 네게 있는 엄청난 힘이 난 좋아."

자녀가 실수를 하든 잘하든 있는 그대로를 인정해 주는 것은 아이의 자존감 향상을 위해 중요하다. 버츄(힘, 능력, 위력, 에너지를 상징하는 라틴어 virtus(비르투스)에서 유래했다.)란 인성이라는 마음의 광산에 자고 있는 아름다운 원석들을 말한다. 그 원석이 깨어나 사람이 본래 지닌 아름다운 성품으로 드러나는 것이 미덕이다. 미덕은 내면에 잠재한 위대한 힘, 큰 나, 잠자고 있는 거인, 마음의 다이아몬드다. 대표적인 미덕은 인류의 보편적인 가치인 '사랑'을 들 수 있다.

사람은 누구나 감사, 용서, 친절, 진실성, 인내, 배려 등의 '버
츄 미덕'을 연마함으로써 자신의 인성을 빛나게 할 수 있는 놀
라운 능력을 가지고 있다. 그것을 인식하고 하나씩 깨우면 되는
것이다. 그에 대한 반복적인 실천으로 연마의 과정을 거치면 원
석은 마침내 다이아몬드가 된다.

미덕의 예시

감사	소신	존중	결의
신뢰	중용	겸손	신용
진실함	관용	열정	창의성
근면	예의	책임감	기뻐함
용기	청결	기지	용서
초연	끈기	우의	충직
너그러움	유연성	친절	도움
이상 품기	탁월함	명예	이해
평온함	목적의식	인내	한결같음
믿음직함	인정	헌신	배려
자율	협동	봉사	절도
화합	사랑	정돈	확신
사려	정의로움	상냥함	정직

버츄 미덕의 실천은 아이의 단점을 고쳐 주는 것이 아니라 원

래의 모습을 찾아가도록 돕는 과정이라고 할 수 있다. 어려울 건 없다. 아이의 온전함과 가능성에 지속적인 빛을 비춰 주는 부모의 사랑 에너지 그 자체를 실천하면 된다.

미덕은 시대나 장소, 세대나 계층에 상관없이 누구나 소중하게 여기는 것으로 가치와는 다르다. 가치는 문화에 따라 상대적이지만 미덕은 문화와 상관없이 절대적이다. 아이와 가장 많은 시간을 보내는 엄마는 버츄 미덕의 실천자가 되어야 한다. 일상생활 속에 아이에게 나타나도록 수시로 자극해 주면 된다.

"우리 딸이 어른들을 만나면 상냥하게 인사해서 엄마는 참 고마워!"(상냥함의 미덕)

"엄마를 도와서 설거지를 해준 우리 딸, 배려해 줘서 감사해!"(배려의 미덕)

"우리 아들. 책상 정리를 청결하게 잘하고 있어서 엄마는 너무 기분이 좋네!"(청결의 미덕)

자녀의 일상에 관심을 갖고 관찰하다 보면 내 아이가 가진 미덕이 생각보다 많다는 걸 알게 될 것이다. 미덕을 보는 눈이 생기면 아이에게 말해 줄 수 있고, 그것에 귀 기울이는 아이는 행동으로 실천하는 힘이 길러지게 된다.

1930년대 하버드 대학교에서는 재학생 200여 명과 빈민가

20대 500여 명을 대상으로 행복에 대한 연구를 시작했다. 무려 75년간 이어진 이 연구는 '행복의 가장 결정적인 요소'를 찾는 것이었는데 연구자들은 부, 성공, 명예, 노력 등과 같은 요소보다 '관계'를 지목했다. 관계의 힘이 역경과 좌절이 왔을 때 긍정의 해석력, 회복 탄력성을 준다는 것이다. 관계가 좋으면 하버드 출신이든 빈민가 출신이든 행복하게 장수했다.

내 아이와의 관계의 힘을 강화할 수 있는 방법은 '미덕의 언어'를 많이 사용하는 것이다.

"엄마, 우리 반 선생님이 이번 축제 때 또 나더러 준비하라셔."

"그러셨구나. 우리 딸이 봉사 미덕이 넘쳐 나서 그런 걸 어쩌니? 축하해. 한 달간 바빠지겠네."

내 아이만이 가진 특별함, 아름다운 성품, 있는 그대로의 미덕을 찾아 말해 주는 사람이 부모여야 한다. 적절한 미덕의 언어는 그 자체만으로도 '사랑 에너지'를 갖는다.

언어는 나와 상대를 존중하는 프레임이자 생각의 형태를 전달하는 강력한 도구다. 인성과 자존감을 결정짓는 힘이 있다. 매일매일 아이의 미덕을 한 가지씩 찾아 말해 준다면 한 달만 해도 30여 가지를 찾아낼 수 있다. 인생을 살아가는 데 필요한 30가지의 시스템을 갖추게 되는 것이다.

자녀가 부모로부터 미덕 언어를 받아 차곡차곡 '무의식의 창고'에 저장하다 보면 자신의 가치에 대한 자긍심이 더 굳건해진다. 자기 내면에 있는 미덕의 힘을 어느 순간 인식하게 되면 스스로 동기가 생기고, 무엇이든 할 수 있다는 믿음이 자란다. 그런 변화의 속도는 갈수록 빨라진다.

아이의 미덕은 부모가 보려고 해야 볼 수 있다. 미덕을 포착하는 힘, 미덕에 대한 민감성을 가질 필요가 있다.

삶은 한 개의 큰 성공과 99개의 작은 성공을 거듭하면서 진행된다. 에디슨이 전구를 발명할 수 있었던 것도 99번의 작은 성공과 한 번의 큰 성공이 있었기 때문에 가능했다. 혹자는 '99번의 실패를 통해 무엇을 느꼈느냐?'고 질문했지만 그는 '실패'라는 단어를 허용하지 않았다. '99번의 작은 성공을 했을 뿐이다.'라고 말했다.

더 나은 '나'로 성장하기 위해 인간은 1년 365일을 작은 성공과 큰 성공을 반복하며 진화한다. 작은 성공만 했다는 이유로 의기소침해 있는 아이에게 용기를 주는 일은 아이의 마음속에 강한 에너지 전환을 불러온다. 두려움의 에너지를 사랑의 에너지로 즉각 끌어올릴 수 있게 된다. 아래 제시되는 '미덕 선언문'

—《자존감, 효능감을 만드는 버츄 프로젝트 수업》(권영애 지음)을 수시로 읽

어 보자.

■ 미덕 선언문

나는 아이를 존중하는 엄마/아빠다.

나는 아이 마음의 보석을 잘 찾아 주는 엄마/아빠다.

나는 아이의 속마음을 잘 알아차리는 엄마/아빠다.

나는 아이 마음에 공감을 잘하는 엄마/아빠다.

나는 아이에게 동기 부여를 잘하는 엄마/아빠다.

나는 아이의 자발성을 잘 이끌어 내는 엄마/아빠다.

나는 아이의 존경을 받는 엄마/아빠다.

나는 아이에게 친밀감을 주는 엄마/아빠다.

나는 배우는 것을 좋아하는 엄마/아빠다.

나는 도전을 즐기는 엄마/아빠다.

나는 아이의 성장을 돕는 엄마/아빠다.

나는 아이에게 추억을 만들어 주는 엄마/아빠다.

나는 아이의 강점을 찾아 주는 엄마/아빠다.

나는 잘 웃는 친절한 엄마/아빠다.

나는 마음을 표현하기 좋아하는 엄마/아빠다.

자녀가 하는 일의 과정과 노력을 찾아 미덕으로 인정해 주기 시작하면 아이의 눈빛에 생기가 돈다. 평소 자존감이 낮아 풀 죽어 지내던 아이도 달라질 수 있다. 행동을 편견 없이 관찰하다 보면 미덕으로 격려하고 인정해 줄 요소를 얼마든지 찾아낼 수 있다.

아이의 실패를 99개 중의 하나인 작은 성공으로 해석해 인정해 주자. 작은 성공을 수치심으로 해석하지 않고 미덕으로 해석하는 부모는 아이에게 용기를 심어 주고 무엇이든 할 수 있는 아이, 하려고 하는 아이로 변화하게 한다.

'우리는 불확실하게 존재하다가 사랑받음으로써 비로소 확실한 존재를 인정받는다. 그 사랑받은 경험으로 또다시 불확실하게 존재하는 누군가를 일으켜 세우는 게 사람이다. 사람은 오직 사랑으로만 누군가를 일으켜 세울 수 있다.'—류시화 시인의 〈새는 날아가면서 뒤돌아보지 않는다〉에서.

사람의 생명까지도 연장시킬 수 있는 사랑의 에너지, 미덕의 언어로 우리 아이들에게 매일 기적을 선물하자.

엄마가 된다는 건 축복이다

아이들이 어릴 땐 몰랐다. '엄마'라는 이름의 위대함과 경이로움을. 글을 통해서 만나게 되는 문구들은 하나의 기호에 지나지 않았다.

지금 큰아이는 스물한 살, 둘째 아이는 열일곱 살이다. 아들 하나, 딸 하나. 많은 이들이 부러워하는 비율로 시댁 어른들의 사랑을 듬뿍 받으며 나는 '엄마'가 되었다. 큰아이를 낳고는 젖몸살이 너무 심해서 모유 수유 100일을 채우지 못했다. 모유 수유에 대한 사전 지식 없이 '출산하고 나면 저절로 되겠지⋯⋯.'라는 막연한 생각으로 실전을 치러야 했다.

또래에 비해 키는 컸으나 마른 체구였던 큰아이는 편식이 심해서 잘 먹지 않았다. 유아기 땐 밥그릇을 들고 다니며 한 숟가락이라도 더 먹이려고 아등바등했다. 양육에 대한 기초 지식도 없이 좌충우돌 큰아이를 키우면서 4년 터울을 두고 둘째를 낳았다. 큰아이 때 제대로 하지 못한 모유 수유를 이번엔 성공하리라 다짐한 끝에 둘째한테는 세 돌까지 모유를 먹이는 이변을 갖기도 했다.

이러한 나를 주변에선 곱지 않은 시선으로 쳐다보았다. "한 돌이 지나면 더이상 영양가도 없어서 모유의 의미가 없다."라며 쓴소리를 하는 사람도 있었지만 나는 그 말을 듣지 않았다. 그보다는 산부인과 담당 의사선생님의 말씀을 믿었다.

"엄마가 아이에게 줄 수 있는 최고의 선물이니 남 눈치 보지 말고 먹일 수 있는 데까지 먹이세요."

둘째를 낳고 9개월째 들면서 나는 일을 다시 시작했고, 주 3회 출근하는 날에는 오전 9시에 베이비시터에게 맡긴 후 오후 7시가 되어서야 딸을 만날 수 있었다. 엄마가 많이 품어 주지 못하는 데 대한 미안함 때문이었는지 모유 수유만큼은 장기전으로 가리라는 마음을 굳건히 가졌다. 그래서인지 딸은 병치레도 거의 없는 건강한 아이로 성장할 수 있었던 것 같다. 병원에 가서 약 타 오는 친구들을 딸이 부러워했을 정도였으니까.

"엄마. 나도 친구들처럼 병원에서 주는 알약 한번 먹어보고
싶어."

딸아이의 말이 지금도 생생하다. 건강한 아이로 자라 준 건
신의 축복이라 생각한다. 모유 수유로 인해 엄마와의 친밀감
형성이 잘 되어 있어서인지 딸아이는 대인관계도 A플러스 격
이다.

성인인 나보다 더 인사성이 좋다. 그것도 상투적으로 하는 게
아니라 상냥한 미소를 가미해 인사를 하니 인사를 받는 사람들
도 다들 딸을 칭찬했다. 이 정도의 품성이라면 이 아이는 뭘 해
도 잘될 것이라는 확신이 섰다.

아이들이 어렸을 때는 '빨리 컸으면…….' 하는 바람이 커서
주위를 둘러보거나 살필 수 있는 마음의 여유가 없었다. 그러다
가 어느 정도 자라고 나니 나의 자리가 보이고, 아이들의 목소
리도 제대로 들을 수 있는 것 같다.

엄마가 되면서 나에 대한 욕심을 내려놓는 방법을 알게 되었
고, 희생과 배려, 사랑, 나눔 같은 아름다운 언어도 체득할 수
있었다. 여자든 남자든 부모가 되면서 진정한 어른이 된다는 옛
어른들의 말에 공감이 간다.

아이를 키우며 나는 나의 꿈을 준비해 갈 수 있었고, 세상에

대응하기 위한 마음의 근육도 단련해 갈 수 있었다.

모든 일에는 때가 있다. 자녀를 품어 주어야 할 때, 가만히 바라만 봐야 할 때, 조용히 기다려 주어야 할 때, 해결사가 되어 주어야 할 때를 알고 그에 맞는 처방을 할 줄 아는 엄마여야 한다. 큰아이를 키울 때는 노심초사 할 때가 많았다. 내가 한 행동이 맞는 건지 확신이 서지 않을 때도 있었고, 어쩌다 주변의 조언을 듣고 행동하다가 오히려 그게 화근이 된 적도 있었다.

자녀를 양육할 때는 자신만의 원칙을 세우고 그 원칙대로 흔들림 없이 실행해 나가는 대담함이 필요하다. 엄마가 되면서 책에서는 배울 수 없던 여러 경험을 할 수 있었기에 엄마가 된다는 건 가장 큰 축복임이 틀림없는 것 같다.

결혼 적령기가 늦어지고, 결혼을 하더라도 아이를 낳지 않으려는 가정이 점점 늘고 있다. 그것은 '자기 성장의 기회'를 스스로 포기하는 것과 같다.

엄마가 되어 잃은 것도 있지만 얻는 것이 더 많다. 어쩌면 잃는다는 개념보다는 나중에 더 큰 것을 받기 위한 '보관'의 의미로 보는 게 더 맞을 듯하다. 한 인간으로서 한 단계 더 성장하고 발전해 갈 수 있는 엄마라는 거룩한 타이틀이 나는 자랑스럽다.

돌고래도 춤추게 하는 칭찬의 위력

범고래 조련사들은 범고래들이 훈련을 잘 따르지 않을 때 그로 인해 허비되는 시간을 재빨리 전환하기 위해 다른 행동으로 주의를 돌린다고 한다. 범고래들이 훈련을 잘 따르지 않는 데는 그 훈련에 대한 난이도, 범고래들의 그날 컨디션 악화 등이 원인일 수 있다.

A-B-C-D의 단계를 거쳐서 훈련을 해야 하는데 C 단계를 따라오지 못하는 모습을 보이면 조련사들은 D 단계로 넘어가거나 다시 B 단계로 되돌아가는 융통성을 보인다. 이를 '전환 반응'이라고 하는데, 정해진 매뉴얼보다 때로는 매뉴얼을 깨는 방식이 더 효과적이라는 것이다. '전환 반응'은 원하지 않는 행동

을 다루는 가장 효과적인 방법이기도 하다.

돌이 지나지 않은 아이가 한 손에 숟가락을 쥐고 놀고 있을 때 이를 본 아이 엄마는 위험성이 느껴져 아이의 손에 있는 숟가락을 빼낸다. 대성통곡하며 우는 아이를 달래기 위해 엄마는 아이가 평소 좋아하는 유아용 과자를 손에 쥐어 주게 된다. 그러면 아이는 숟가락을 언제 뺏겼냐는 듯 행복한 표정으로 과자를 먹게 된다. 이런 것이 바로 '전환 반응'의 예라 할 수 있다.

세계적인 경영 컨설턴트인 켄 블랜차드는 저서 《칭찬은 고래도 춤추게 한다》를 통해 좋은 면이나 잘하는 일이 있으면 아낌없이 칭찬해 주면서 긍정적인 면에 초점을 맞추는 것을 '고래 반응'이라고 했다. 반대로 부정적인 면을 지나치게 지적하고 잘하는 면에 대해서는 당연하게 생각하는 것을 '뒤통수치기 반응'이라고 표현했다.

실수를 자주 하는 사고뭉치형 아이들이 잘못된 행동을 했을 때 질책하고 벌을 줘도 개선되지 않고 유사한 잘못을 반복하는 모습을 보게 된다. 부정적인 면을 강조하면서 그것에 에너지를 쏟다 보면 도리어 부모가 원치 않는 행동 방식을 강화하게 되기 때문이다. 그렇다고 해서 잘못된 모습을 보고도 무조건 칭찬해서는 독이 된다.

"우리 딸이 배가 아주 고팠나 보구나. 엄마 오기 전에 혼자서 라면을 잘 끓여 먹었네. 다음번에는 깨끗하게 설거지도 해준다면 엄마가 저녁 준비하는데 훨씬 수월할 것 같네. 그렇게 해줄 수 있을까?"

뒷정리를 제대로 하지 않은 아이에게 위처럼 말할 수 있다면 좋은 엄마다. 반대로 어질러진 주방에 먼저 마음이 상해서 아이를 꾸짖는 걸로 끝낸다면 서로의 감정만 불편해질 수 있다. 엄마이기에 좀 더 이성을 갖고 '뒤통수치기 반응' 대신 긍정 모드로 빨리 전환해 가는 '전환 반응'을 하는 게 필요하다.

전환 반응 방식은 아이를 다시 본 궤도로 돌아가게 하는 동시에 궤도에서 벗어난 행동으로부터 멀어지게 함으로써 신뢰와 존경을 지속시켜 준다. 이는 영향력이 아주 강한 방식이라고 할 수 있다. 인간은 누구나 관심받기를 원한다. 아이가 잘하고 있는 것에 대해 당연하게 생각하지 말고 사소한 것이라도 잘하고 있으면 진정성 있게 칭찬해 주어야 한다. 아이가 자신의 일을 잘해 낼 때마다 긍정적이고 상세한 피드백을 해준다면 그 행동을 더 많이 하게 된다. 잘되고 있는 모든 일에 관심을 갖고 긍정적으로 얘기해 주어야 한다.

"선생님, 어떻게 하면 엄마 아빠한테 칭찬받을 수 있어요? 저는 동생도 안 때리고 동생이 해 달라는 거 다 해주는데도 엄마 아빠는 칭찬 같은 거 잘 안 하세요. 그런데 선생님은 옆 친구한테 지우개 빌려준 것도 칭찬해 주시잖아요. 선생님은 참 착해요."

1학년 지훈(남, 가명)이가 나에게 했던 말이다. 아이의 말을 통해 평소 부모님들의 칭찬이 인색하다는 걸 느끼고 지훈이 어머니께 상담을 요청하게 되었다.

"어머니, 연년생 두 형제 키우시느라 많이 힘드시죠? 연년생 터울은 거의 쌍둥이 키우는 거랑 다를 바 없다고 하더군요. 지훈이가 또래에 비해서 참 어른스러운 면이 많은 것 같아요. 부모님이 잘 키우신 것 같아요. 지훈이가 더 잘할 수 있도록 칭찬도 많이 해주시면 좋을 것 같습니다."

"우리 지훈이가 선생님 앞에서 무슨 얘길 했나요? 걔가 좀 말이 많아서요."

"아이들이 말이 많다는 것은 그만큼 자신의 의사 표시를 잘하고 있다는 거예요. 실은 지훈이가 부모님의 칭찬에 조금 목말라 하는 것 같았어요."

"선생님, 저는 애들 칭찬 잘 안 해요. 칭찬을 자주 하면 거만해질 수 있으니까요."

"꼭 그런 것만은 아닙니다. 칭찬을 듬뿍 해주면 지훈이는 10점 만점에 10점까지도 해낼 수 있는 아이예요. 어렸을 때 좀 거만하면 어떻습니까? 그런 아이들이 자신감도 높고 진취적인 성향이 강해서 자기가 가진 에너지를 100% 쓸 수 있는 역량을 만들어 냅니다."

지훈이 어머니께 지훈이가 원하는 것과 부모가 바라는 것을 조화시킬 수 있는 '목표 세워 주기'를 제안했다.

예를 들어 '엄마가 없는 동안 동생 잘 보살피기, 자기 방은 스스로 청소하거나 정리하기, 어른들에게 인사 잘하기, 가지고 놀았던 장난감 제자리에 갖다 놓기, 하루에 1시간 이상 책 읽기, 학교 숙제나 학원 숙제 바로 하기' 등의 목표를 준 다음 잘 실천했을 때 칭찬해 주라고 말했다. 실천하지 못했을 때는 지적하기보다 왜 못하게 됐는지 들어보고 목표가 과했다면 같이 조정해서 잘할 수 있도록 격려해 주라고 부탁했다.

자녀가 주어진 목표를 잘 해냈을 때는 긍정적인 보상도 해주자. 그래야 그 행동을 계속하고자 하는 욕구를 가지게 된다. 긍정적인 보상이라고 해서 '물질적인 것'만을 뜻하는 건 아니다. 부모가 보상이라고 생각하고 주었는데 아이는 그것을 원하지 않을 수도 있다. 보상을 건넬 때는 아이의 의향을 들어 되도록 희망에 맞춰서 주는 게 더 효과적이다. 이런 일을 통해 부모와 자식 간의 소통력과 신뢰도 올라가게 된다.

지훈이 어머니는 나의 제안을 긍정적으로 수용했고, 지훈이는 매일 환한 얼굴로 와서 기분 좋게 공부를 하게 되었다.

아이를 키우면서 부모들이 늘 염두에 두어야 하는 것이 있다. 아이의 부정적인 면보다는 긍정적인 면에 관심을 가지고 칭찬해 주면 아이는 더 많은 것을 성취해 내고 더 행복하게 성장해 간다는 사실이다. 돌고래도 춤추게 하는 칭찬의 위력을 수시로 활용하자.

자녀와 함께 보물지도를 만들어라

"우리 연경(초6, 여, 가명)이는 음감이 있어서 작곡가로 키워 보고 싶어요."—(연경이 어머니)

"선생님, 저는 커서 승무원이 될래요."—(연경)

자녀의 미래 진로와 관련해 아이와 부모의 생각이 다른 경우가 왕왕 있다. 부모의 생각과 아이가 생각하는 바를 가급적이면 공유하는 게 좋다. 그래야만 아이의 미래에 대해 구체적이고 명확한 비전을 세울 수 있기 때문이다.

자녀가 어떤 사람이 되고 싶어 하는지, 그러기 위해 어떻게 준비해 가야 하는지를 부모와 함께 대화하고 방법을 찾아갈 수 있어야 한다. 그중에 자녀가 이루고 싶은 꿈을 눈에 보이는 곳에 붙여 두고 매일매일 시각화하는 방법이 있다. 아직 어릴지라도 가능성의 잠재능력을 향상하는 데 도움이 된다. 인간이 가진 감각세포 가운데 가장 강한 힘을 가진 감각은 시각이기 때문이다.

시각적 효과를 활용해 잠재의식을 일깨워 주는 '보물지도'를 자녀와 함께 만들어 볼 것을 권한다. 보물지도는 대뇌 심리학적으로 과학적 검증이 된 '꿈 실현법' 도구 중의 하나로, 이미지 사진을 통해 자신의 꿈을 시각화하는 것을 말한다. 아이의 꿈을 명확히 하는 데 도움이 되는 활동이다.

꿈을 이뤄 가기 위해 계획을 세우고 그것을 실천하려면 어떻게 해야 하는지에 대해 놀이를 통해 접근해 보자.

■ 자녀와 함께 보물지도 만들기

(※유튜브 채널명 '조안 아카데미, 보물지도로 꿈 실현하기' 참고)

1. 코르크 보드를 준비한다.(크기: A1 사이즈, 가로 60cm ×세로 40cm)

2. 잡지나 인터넷에서 자신의 꿈과 관련된 사진이나 이미지를 오려서 준비한다.

3. 보물지도의 제목을 준비한다.

   예) 조안의 보물지도, 최고의 피아니스트 조안 여행기, 비행기 조종사가 된 조안, 조안의 꿈 보드, 나는 이런 사람이야 등 창의적으로 만들어 본다.

4. 중앙에는 최종적인 목표에 해당되는 이미지 사진을 붙인다.

   예) 유명한 축구선수가 되고 싶다면 손흥민 사진, 성악가가 되고 싶다면 조수미 사진, 비행기 승무원이 되고 싶다면 제복 승무원 사진, 건물 부자가 되고 싶다면 멋있는 건물 사진 등.

5. 시계방향 순으로 꿈을 이루기 위한 실천적인 방법에 해당되는 사진을 붙인다. 구체적으로 계획해서 붙여야만 달성 효과가 크다.

   예) 승무원이 꿈이라면 승무원이 되기 위한 세부적인 방법을 계획한다. 운동하는 사진, 어학 공부하는 사진, 워킹 연습하는 사진, 독서하는 사진 등.

6. 해당 이미지 사진 아래에는 포스트잇을 사용하여 목표한 방법들의 달성 내용, 달성 시기 등을 현재 완료형으로 적는다.

   예) 나는 하루에 스쾃 100개를 했다.―2020년 △월 △△일

7. 아이가 수시로 다니면서 볼 수 있는 곳에 보물지도를 붙여

둔다.

8. 보물지도를 보면서 이미지 사진을 기억하고, 소리 내어 읽어 보게 한다.

[주의사항]

1. 달성해 내기 위한 목표는 '현재 완료형'으로 쓴다. 잠재의식은 '현재 완료' 형태를 더 강하게 인식하기 때문이다.

예) 나는 비행기 조종사가 되었다. 나는 조수미처럼 유명한 성악가가 되었다. 나는 손흥민처럼 훌륭한 축구선수가 되었다.

2. 그 꿈이 이미 이루어졌다고 상상한다.(축구선수가 된 미래의 모습을 마음속으로 그려 본다.)

3. 꿈을 달성하기 위한 기간 설정은 너무 멀어 보이지 않도록 1년, 2년, 3년 등 유연성 있게 정하자.

4. 보물지도는 아이가 잘 볼 수 있는 곳에 붙여 둔다.

손흥민처럼 국제적인 축구선수가 되고 싶어 하는 아이라면 체력을 다지기 위한 운동은 물론 영어 공부 또한 열심히 하려고 할 것이다. 그러기 위해 하루에 몇 시간을 운동해야 하고, 영어 공부는 어떤 방법으로 해야 하는지에 대해 아이와 구체적인 이야기를 나누면 된다.

아이의 보물지도를 만들면서 엄마 아빠의 보물지도도 같이 만들면 더욱 좋다. 서로의 꿈에 대해서 관심을 갖고, 응원하고 격려하는 과정을 통해 신념이 더 단단해질 수 있기 때문이다. 아이가 하나의 비전을 달성해 낼 때마다 가족들은 조금 오버해서 칭찬하고 축하해 주자. 그러면 아이는 더 잘하고 싶어 할 것이다.

'가족은 든든한 지원군이다.'라는 것만으로도 아이는 세상에서 제일가는 '창'과 '방패'를 갖게 된다. 아이의 꿈을 인정해 주고 그것을 지켜 가기 위해 마음을 나누는 과정은 아이에게 무엇보다 큰 선물이 될 것이다.

작은 것에도 감사하게 하라

유튜브로 '습관'에 대한 콘텐츠를 열게 되면서 이전에는 없었던 새로운 습관 하나를 더하게 되었다. 바로 '감사하는 습관'이다.

- 딸아이와 서로의 자존감 점수에 대한 얘기를 나눴습니다. 딸아이의 마음을 알 수 있어서 감사합니다.
- 영주에서 직장 생활을 성실히 잘하고 있는 우리 큰아들이 자랑스럽습니다. 감사합니다.
- 내가 서울에 교육 갔을 때 딸아이를 잘 챙겨 주는 남편이 가정적이어서 감사합니다.

하루를 시작하거나 마칠 때 감사 노트에 세 가지씩을 꼭 적고 있다. 처음에는 적을 만한 게 없어서 참 어색했다. 하지만 감사 습관을 하루하루 쌓아 가다 보니 늘 똑같았다고 생각하는 일상 이 매일 조금씩 다르다는 걸 발견하게 되었다.

《2억 빚을 진 내게 우주님이 가르쳐 준 운이 풀리는 말버릇》 의 저자인 고이케 히로시는 '고맙다는 말에는 몸과 마음에 쌓여 있던 부정적 에너지를 긍정적 에너지로 바꿔 주는 힘이 있다.' 라고 말한다. 이 말에 나는 적극 공감한다. 감사할 거리를 적을 게 없을 때는 나의 일상에서의 부정적인 요소를 찾아 그것을 긍 정으로 바꾸어서 적어 보기도 했다. 이러한 것도 습관이 될 수 있다는 것을 느끼게 된 사례가 있다.

1년 전의 일이다. 그날은 오전에 업무 세 가지를 바쁘게 처리 해야 할 일이 있었다. 운전을 하려고 지하주차장에 내려갔더니 내 차 앞을 막고 있는 이중 주차된 차에 사이드브레이크가 채워 져 있어 난감한 입장에 처했다. 그 차에는 차주의 전화번호조차 없었다.

빨리 출발하지 않으면 오전에 예정한 업무들을 할 수 없다는 생각에 점점 초조해지기 시작했다. 부랴부랴 아파트 관리소에 SOS를 청했고, 한참이 지나서야 차주가 내려와 차를 빼게 되었다. 결국 그날 업무 세 가지를 다 해내진 못했다.

감사하는 습관을 실천하지 않고 있었을 때의 감정이라면 그날 상대한테 독설을 내뱉었을 것이다. 그러나 차주가 건네는 미안해하는 인사에 나는 가벼운 목례로 답하고 있었다. 나의 모습이 참으로 놀라웠다. 상대가 공손하게 정말 미안하다는 마음을 표현해 주어서만은 아니었다. 내 안의 부정적인 마음을 긍정적인 마음으로 변환시키려는 탄력성이 좋아졌기 때문이다.

이중 주차된 차의 주인이 내려올 때까지 내 마음에 훅 들어오는 생각이 있었다. '오늘 아침 나에게 이런 일이 생긴 것은 다 이유가 있기 때문이다. 바쁘게 일을 처리하려는 욕심에 운전을 급하게 하다 보면 사고가 날 수도 있다. 이런 상황이 일어난 이유를 알아차려야 한다. 오늘 비가 많이 내려 도로도 미끄럽다. 급한 마음은 사고에 노출될 수 있는 상황이 다분하다. 그렇다면 오전에 처리해야 할 업무 한 가지를 내려놓자. 우선순위가 가장 낮은 한 가지는 느긋해질 나를 위해 양보하자.'

그날 아침 주차장에서의 지연으로 나는 한 가지 일을 과감하게 내려놓았다. 덕분에 오전 일정이 한가하고 여유롭게 진행되었다. 운전도 편안한 마음으로 할 수 있게 되었다. 감사하는 습관이 나에게 준 놀라운 상황 대처력이었다.

'A라는 일을 포기할 것인가?'라는 말에는 부정적인 의미가 내포되어 있다. 하지만 'A라는 일을 더 여유 있게 할 것인가?'라는 말에는 긍정적인 의미가 들어 있다. 부정어 사용을 자제하고 긍정어 사용을 습관화한다는 건 자기 자신에 대한 배려다. 남으로부터의 배려나 인정이 아닌 자기 자신으로부터의 배려와 인정은 자존감 향상에 큰 도움이 된다.

저학년 아이들일수록 '감사합니다.'라는 표현에 익숙지 않다. 아마도 습관이 되어 있지 않아서일 것이다. 내가 지도하는 아이들에게는 수시로 감사 인사를 하게끔 가르쳤다. 상대에게 고마움을 표현하는 것은 인간의 기본 도리다. 큰 것이든 작은 것이든 상대가 건네는 마음에 대한 최소한의 답례이기 때문이다.

'감사합니다.'라는 말은 부정적인 생각이 들어앉을 틈을 주지 않기에 많이 사용하면 할수록 즐겁고 상대를 기분 좋게 한다. 내 아이들에게 습관으로 자리하게 한다면 금상첨화다. 자녀와 부모가 함께 '감사 일기'를 적는다면 더 큰 시너지 효과를 얻게 될 것이다.

대형 문구점에 가면 알록달록 치장된 갖가지 노트가 많다. 아이와 함께 커플로 구매하면 더 즐겁게 감사 일기를 쓸 수 있다. 대개의 아이는 일기 쓰기를 싫어하는데 그 때문에 처음엔 거부

반응을 보일 수 있다. 그럴 땐 동기 부여를 할 수 있는 '스티커 10개 모으기' 같은 작은 이벤트를 곁들이는 것도 좋다.

■ 감사 일기 쓰기의 예문(부모 편)

새벽 5시에 일어날 수 있어서 감사합니다.	가족과 함께 아침 식사를 할 수 있어서 감사합니다.
읽고 싶었던 책을 선물 받을 수 있어서 감사합니다.	오늘 아침도 건강한 눈으로 세상을 볼 수 있어서 감사합니다.
멀리 있는 아들의 안부 전화를 받을 수 있어서 감사합니다.	새로운 일을 시작할 수 있어서 감사합니다.
딸아이와 산책을 할 수 있어서 감사합니다.	건강한 치아를 지킬 수 있어서 감사합니다.
아픈 친구를 위해 기도할 수 있어서 감사합니다.	다리가 골절됐지만 많이 다치지 않아 감사합니다.
예기치 못했던 현금이 들어와서 감사합니다.	부모님께 용돈을 꼬박꼬박 드릴 수 있어서 감사합니다.
이웃을 위해 따뜻한 마음을 나눌 수 있어서 감사합니다.	건강한 다리로 만 보를 걸을 수 있어서 감사합니다.
혼자만의 시간을 가질 수 있어서 감사합니다.	향기로운 커피 맛을 느낄 수 있어서 감사합니다.
오늘도 열심히 잘 살아 준 내게 감사합니다.	집안일을 잘 도와준 남편이 있어서 감사합니다.
노래를 잘 부를 수 있게 건강한 성대가 있어서 감사합니다.	인터넷을 통해 책을 쉽게 구매할 수 있어서 감사합니다.

■ 감사 일기 쓰기의 예문(자녀 편)

아침에 강아지와 산책할 수 있어서 감사합니다.	부모님께 용돈을 받아서 감사합니다.
축구를 할 수 있는 건강한 다리가 있어서 감사합니다.	좋아하는 책을 읽을 수 있어서 감사합니다.
잘 들을 수 있는 귀가 있어서 감사합니다.	먹고 말할 수 있는 입이 있어서 감사합니다.
친구에게 먼저 화해할 수 있어서 감사합니다.	친구와 맛있는 떡볶이를 나눠 먹을 수 있어서 감사합니다.
친구의 고민을 들어줄 수 있어서 감사합니다.	동생과 사이좋게 잘 놀 수 있어서 감사합니다.
가족들과 영화를 볼 수 있어서 감사합니다.	가족들과 외식을 할 수 있어서 감사합니다.
그림을 잘 그릴 수 있어서 감사합니다.	노래를 잘 부를 수 있어서 감사합니다.
마음이 통하는 친구가 있어서 감사합니다.	영어를 잘 외울 수 있어서 감사합니다.
어려운 수학 문제도 잘 풀 수 있어서 감사합니다.	어른들에게 인사를 잘할 수 있어서 감사합니다.
어려운 이웃을 도울 수 있어서 감사합니다.	꿈을 가질 수 있어서 감사합니다.

사소한 것에까지 감사를 느끼는 습관을 들이다 보면 일상에서 감사하지 않을 것들이 없다. 심지어 아파트 윗집의 발소리마저 감사함을 느낄 수 있다. 들을 수 있는 건강한 귀가 있기 때문이다.

아이들에게도 감사 습관을 갖게 하면 자신의 주변을 한 번 더 챙기게 되고 사고력도 확장된다. 상대의 감정을 들여다볼 수 있는 '마음의 눈'이 생기기 때문에 따뜻한 아이로 성장해 갈 수 있다.

수시로 자신에게, 내 아이에게, 내 가족에게 '감사 최면'을 걸어 보자. 자기 안에서 놀라운 힘이 생기는 걸 경험하게 될 것이다. 그 힘은 '자존감'이라는 근육까지 더욱더 쫀쫀하고 탄력 있게 만들어 준다.

감사하라. 내 몸 세포 구석구석에게, 나의 의식의 조각 하나하나에게!

신으로부터 부여받은
엄마라는 임명장

"이생망이 무슨 말인지 아세요? 아이들 사이에서 유행되고 있는데요. '이번 생은 망했다.'라는 뜻의 신조어입니다."

정신과 전문의이자 《요즘 아이들 마음고생의 비밀》의 저자인 김현수 박사가 CBS TV의 〈세상을 바꾸는 시간〉에 출연해 강의한 내용 중의 한 대목이다. 그는 말한다.

"한창 꿈을 꾸고 미래를 그려 가는 아이들인데 왜 '망했다.'는 표현을 쓸까요? 그 아이들에게는 어떤 고민이 있을까요? 어른과는 또 다른 고민을 갖고 있는 우리 아이들, 우리는 어떻게 이 아이들의 이야기를 들어줄 수 있을까요?"

김현수 박사가 강연을 통해 만났던 아이들이 이런 말들을 했다고 한다.

"세 살부터 시작해 중3이 될 때까지 13년을 공부했는데 공부에 지쳤어요."

"말레이시아의 코타키나발루로 가족 여행을 갔는데 낮에는 현지를 여행하고 밤에는 숙소에서 그날 학습지를 풀고, 돌아오는 비행기 안에서조차 학습지 풀기를 계속했어요."

"우리 엄마는 자기가 잘못한 게 있으면 늘 물질 공세를 해요. 제가 원하지도 않는 것을요. 하루는 물건 말고 학원 좀 끊게 해 달라고 했다가 엄마한테 혼났어요."

마음껏 뛰어놀고 다양한 경험을 통해 세상을 하나씩 받아들여도 모자랄 시간에 우리 아이들은 간단한 시리얼로 아침을 먹고 집을 나가 깜깜한 밤이 되어서야 돌아온다. 부모가 짜 주는 각본에 의해 하루 24시간을 주인공이 아닌 대역의 삶을 살고 있는 아이들이 많다.

그렇다면 왜 이렇게 많은 부모가 교육 열풍으로 몸살을 하는 걸까?

'좋은 대학을 나오면 미래가 보장된다. 좋은 직장에 취업할 수 있고, 고수익을 얻으며 넉넉한 삶을 살아갈 수 있다.'라는 말은 구시대적인 생각이 된지 오래다. SKY 대학을 나오고도 캥거

루족(부모한테 얹혀사는 젊은이들이나 지나치게 부모에게 의존하는 사람)으로 살아가는 이들이 많다. 시대의 흐름을 빨리 알아채고 그에 대응하려는 적극적인 자세를 가져야 한다.

뚜렷한 목표의식 없이 '내 아이가 좋은 대학을 졸업하면 길이 풀릴 거야.'라는 막연한 생각은 버려야 한다. 내 아이가 어떤 사람이 되고 싶어 하는지에 대해 부모는 함께 고민하고 그 준비를 도와주어야 한다. 한 계단씩 성장의 단계를 올라갈 때마다 엄마는 든든한 버팀목이 되어 주어야 한다.

여성의 꿈과 성장을 북돋우는 김미경 강사는 저서 《엄마의 자존감 공부》라는 책을 통해 이런 얘기를 했다.

'엄마는 양육을 엄마의 위치에서 하는 게 아니라 아이의 위치에서 하는 것이다. 아이는 자라면서 때때로 위치를 바꾼다. 지금 아이가 홀로 지하에 있다면 두려워 말고 용기 있게 내려가자. 아이의 단단한 땅이 되어 주자. 엄마는 평생토록 자녀의 단단한 땅이 되어 주어야 하고, 자녀는 그 땅 위에서라면 뭐든지 할 수 있다. 아이에게 엄마는 첫 번째 은인이 되어 주어야 한다."

신으로부터 부여받은 '엄마'라는 임명장! 임무 수행에 대한 약관이 따로 있는 건 아니기에 '이것이 정답이다.'라는 건 없다. 하지만 아이가 원하는 것과 부모가 원하는 것의 교차점을 통해 우리는 최선의 선택과 결정을 할 수 있다.

아이의 소리가 일방적으로 배제된 '양육관'은 절대적으로 지양해야 한다. 아이는 엄마의 소유물이 아니다. 엄마는 소중하고 귀한 생명체의 성장을 돕기 위한 임무를 신으로부터 위임받았을 뿐이다.

어설픈 사회적 신념으로 내 아이를 가르치려 하지 말자. 부모의 잘못된 생각이 아이의 인생을 그르치게 할 수 있다. 아이 양육에 관한 책도 읽고, 교육에 관한 강의나 세미나도 열심히 찾아서 들어야 한다. 부모 노릇은 그냥 되는 게 아니다.

자녀를 경제적으로 풍요롭게 키우는 것만이 최선은 아니다. 아이가 가지고 태어난 고유의 재능을 잘 꺼내서 그것을 자신과 세상을 위해 아름답게 쓸 수 있도록 도와주어야 한다. 그것이 신으로부터 임명장을 받은 엄마가 해야 할 가장 큰 소임이 아닐까?

뚝배기 같은 사랑으로

용희(초6, 남, 가명): 엄마, 나 회장 선거 안 나갈래요.

용희 엄마: 무슨 소리야? 네가 뭐가 어때서? 뱀의 꼬리가 될 거야? 용의 머리가 되어야지.

용희: 자신이 없어요. 나가면 떨어질 것 같아요. 우리 반 애들한테 인기 많은 준수가 될 거예요. 여자애들도 벌써 준수 찍어 준다고 소문났어요.

매년 학기 초가 되면 엄마들은 자녀가 다니는 학교의 선거에 사활을 건다. 자녀가 전교 어린이회장에 출마하기라도 하면 대대적인 유세 활동을 펼친다. 어른들의 선거 못지않다. 전문가에게 피켓을 의뢰해서 준비하고 홍보 활동을 해줄 친구들을 사전

섭외해서 철저하게 계획을 세우는 과정도 놓치지 않는다. 심지어 출마를 위해 스피치 레슨을 받기도 한다.

남 앞에 나서기를 두려워하고 늘 자신감 없어 하는 용희에게 부모는 무조건 밀어붙여서는 안 된다. 아이의 성적에 일희일비하고 학교에서 치르는 모든 활동의 수상에 의미를 두는 부모였기에 용희는 수시로 엄마의 눈치를 보는 듯했다.

나: 용희야, 회장 선거 나가는 게 왜 두려워?

용희: 떨어지면 엄마가 휴대폰 압수할걸요. 휴대폰 뺏길까 봐 그게 두려워요.

나: 그렇구나. 그럼 선생님이 우리 용희를 좀 도와줘도 될까?

용희: 진짜요? 어떻게요?

용희 어머니는 아이에게 뭐든 혼자서 해 보라는 식으로 상황 노출은 잘 시킨다. 당신은 멀리 떨어져서 지켜만 본다. 그런 후 결과물이 좋지 않을 땐 아이에게 질책하고 추궁한다. 음료수캔을 세상에 태어나 처음 보는 아이에게 "이거 따서 마셔라." 하는 것과 같다. '캔을 어떻게 잡고 어느 부위를 들어 올린 후 젖히면 된다.'는 사전 안내도 해주지 않은 채 "그것도 할 줄 모르냐?"며 다그치는 부모다.

아이를 바라보는 사랑의 강도는 너무 과하지도 부족하지도 않게 조율해야 한다. 첫사랑도 초반에 감정 조절을 제대로 하지 못하면 실패하지 않던가?

양은냄비는 물이 빨리 끓는 장점이 있지만 빨리 식는 단점도 있다. 반면 뚝배기는 물이 늦게 끓는 대신 온기를 오랜 시간 유지한다. 아이를 양육하는 부모의 사랑은 뚝배기 같은 사랑이어야 한다. 아이가 부모 도움으로부터 온전히 벗어나 오롯이 자신의 힘으로 나갈 때까지 식지 않는 사랑으로 돌봐야 한다.

"이 사람은 나에게 운명 같은 사람이야."라는 느낌이 들 정도의 첫사랑을 만나게 되면 '콩깍지가 씌었다.'라는 표현을 한다. 그 사람의 말씨, 행동, 사람을 대하는 자세 등 모든 게 멋있어 보이고 예뻐 보인다. 아이들을 키울 때도 콩깍지 안경을 끼고 바라보자. 실수하더라도, 큰 잘못을 하더라도 마냥 이쁘고 사랑스럽지 않겠는가? 그런 마음이라면 아이의 양육에 조급해하지 않을 수 있다.

《엄마의 반성문》의 이유남 작가는 아이에게 '인정, 존중, 칭찬, 지지' 이 네 가지를 꼭 줄 수 있어야만 아이의 자존감이 상승될 수 있다고 얘기한다. '사랑'이되 엄마의 이성이 동반된 사랑이어야 네 가지의 요소들을 채울 수가 있다. 때론 그게 아니다 싶어도 아이의 뜻을 지지해 주어야 할 때가 있다. 부모는 그런 상황을 센스 있게 잘 잡아야 한다.

아이가 가지고 있는 본연의 기질을 인정하고 그것을 지켜 주고 존중하는 마음, 99개 중의 하나인 작은 성공 앞에서도 뜨겁게 칭찬하고 더 힘내서 나갈 수 있도록 지지해 주는 마음을 '잘 만들어진 뚝배기'에 담아서 내 아이에게 대접하자. 오래도록 식지 않는 부모의 사랑을 줄 수 있다는 것, 또 그 사랑을 받을 수 있다는 것은 아이와 부모 모두에게 행복이다.

내 아이를 위한 진정한 사랑법

자녀를 양육하는 부모들이 흔히 범하는 오류가 아이에게 지나칠 정도로 많은 것을 주고 싶어 한다는 것이다. 부모가 주고자 하는 게 아이에게 정말 필요한 것인지 의미 없는 것인지에 대해서는 고민하려 들지 않는다. 심지어 아이에게 물어보려고조차 하지 않는다. 자신이 하는 방식이 '틀림없이 맞다.'라고 생각한다. 다른 사람이 자신의 육아 방식에 대해 조언을 하려 들면 과민반응을 보이기도 한다.

부모는 자신의 색깔을 아이에게 주입하려 해선 안 된다. 아이가 가지고 태어난 본연의 색깔을 있는 그대로 인정하고 존중해주어야 한다. 그것과 관련해 너무 과하지도 부족하지도 않게 조율해야 함은 최대의 미션이기도 하다.

대다수의 부모가 자녀에 대한 사랑을 조율하는 데 실수를 보인다. 자신이 생각하는 사랑 표현법과 아이가 원하는 사랑 수용법에 오차가 있기 때문이다. 이를 해결할 수 있는 방법은 '자녀와의 건강한 소통'을 통해서만 가능하다.

맞벌이 부부가 많아지면서 부모와의 소통 단절로 어려움과 외로움을 호소하는 아이들이 증가하는 추세다. 자녀와 소통하는 창구는 꼭 많은 시간을 함께해야 가질 수 있는 것은 아니다. 짧은 시간 대화해도 아이의 마음을 충분히 이해하고 공감할 수 있다. 아이랑 함께하는 시간이 길다고 해서 부모와의 대화가 많은 건 절대 아니다.

17년 교육 현장에서 느낄 수 있었던 건 부모들의 사랑이 과잉되어 자녀에게 나타나는 부작용이 많다는 것이다. 엄마는 사랑 표현으로 많은 말을 했을 뿐인데 그것을 받아들이는 아이에겐 듣기 싫은 잔소리로 전달되다 보니 급기야 '소통 거부'의 결과를 낳기도 한다. 아이의 일 처리가 더디고 친구들에게 무시받는 게 싫어서 엄마가 대신 해주었을 뿐인데 그런 엄마의 일방적인 행동이 아이의 자존감을 떨어뜨리는 결과를 초래한다. 너무 잘하려고 하다 보면 때론 넘쳐서 일을 그르치게 되는 경우가 있다. 부모 역할 또한 마찬가지가 아닐까 생각된다.

복잡한 문제가 얽히고설켜서 도무지 해결점이 보이지 않아 막막했던 경험이 있을 것이다. 그럴 땐 '단순함'이 답일 때도 있다. 좋은 엄마, 좋은 아빠가 되기 위해 때로는 단순한 각본으로 접근해 보는 것도 방법일 수 있다.

그 단순함의 중앙에 반드시 기준으로 있어야 하는 것은 자녀를 있는 그대로 바라봐 주는 것이다. 스스로 할 수 있게 기회를 주면서 마르지 않는 관심, 믿음으로 기다려 주는 것이야말로 진정 내 아이를 위한 사랑법이다.

부모라면 자녀가 갖고 태어난 소명을 다 이루고 갈 수 있도록 성심을 다하자. 우린 거룩하고 위대한 이름의 엄마이니까.

초판 인쇄 2020년 07월 29일
2판 1쇄발행 2023년 03월 27일

지은이   김정미
펴낸이   채규선
편집   장지우
디자인   이지민
총괄이사 나영란
펴낸곳   세종미디어(등록번호 제2012-000134, 등록일자 2012,08,02)
주소   경기도 고양시 덕양구 백양로15, 옥빛마을 1605-304호
전화   070-4115-8860
팩스   031-978-2692
이메일   sejongph8@daum.net

ISBN 978-89-94485-52-2 (03590)
값 15,000원

* 값은 뒤표지에 있습니다.
* 잘못 만들어진 책은 구입처에서 교환 가능합니다.
* 세종미디어는 여러분의 아이디어와 양질의 원고를 설레는 마음으로 기다립니다.
  출간을 원하는 원고의 구체적인 기획안과 연락처를 기재해 보내주세요.